BILL CURTSINGER

UNTER WASSER

FREDERKING & THALER

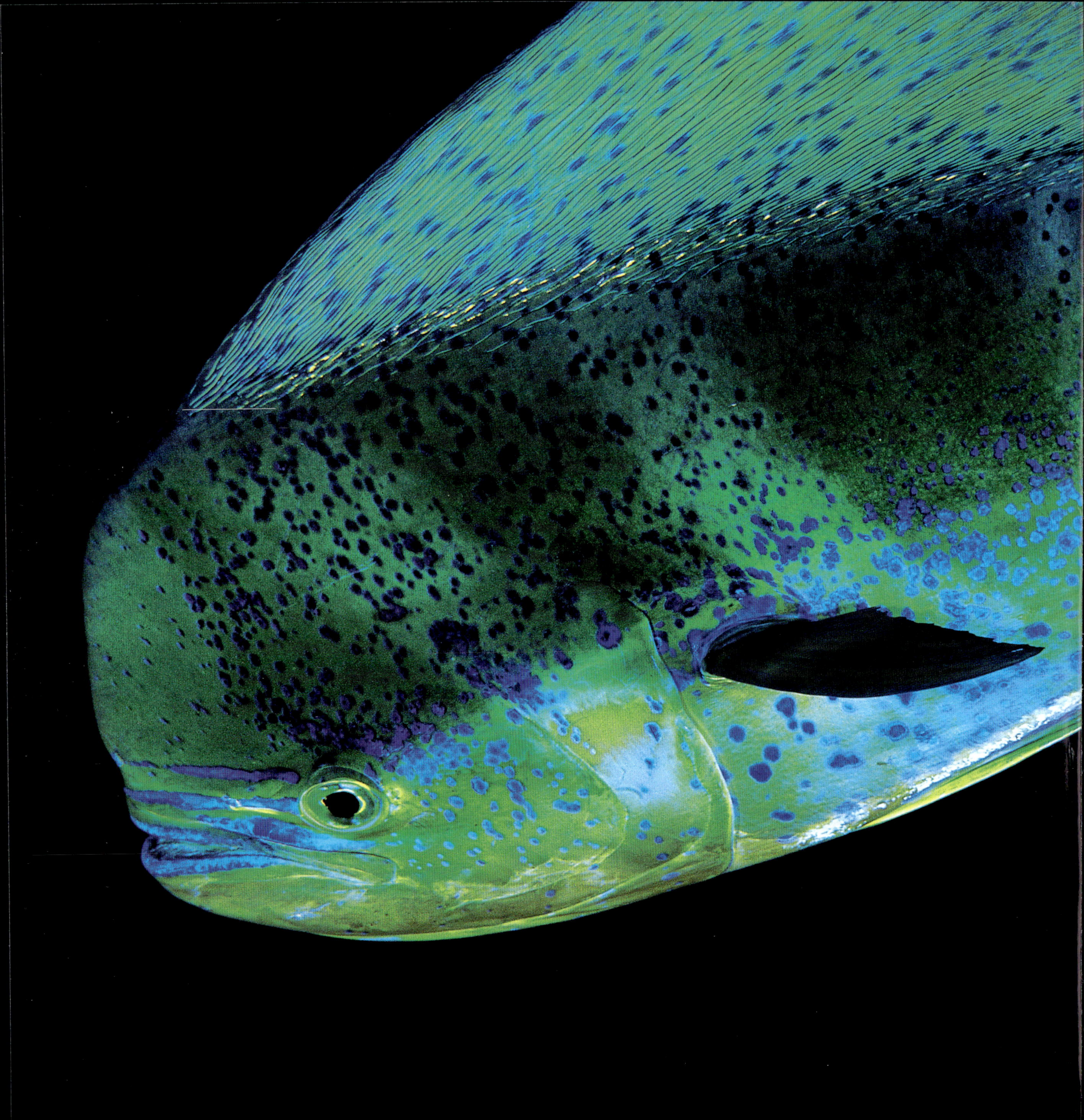

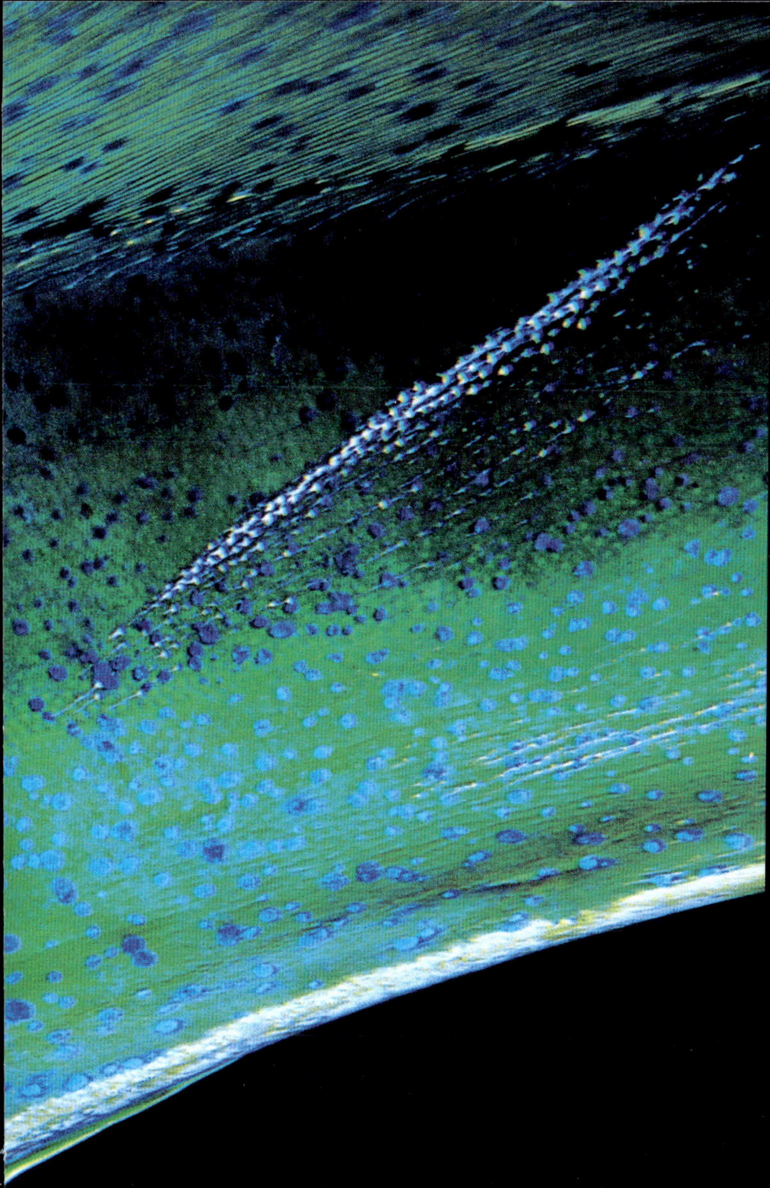

Fotografien und Text
Bill Curtsinger

Projektbetreuung und Lektorat
Valeria Manferto De Fabianis, Maria Valeria Urbani Grecchi

Gestaltung
Clara Zanotti, Paolo Piacco

Einbandgestaltung
Ina Biber

Redaktion und Satz
Gerdi Killer für bookwise Medienproduktion GmbH

Übersetzung aus dem Englischen
Dr. Marion Pausch für bookwise Medienproduktion GmbH
Das Gedicht von Robinson Jeffers auf Seite 25 übersetzte Eva Hesse.

Die Deutsche Bibliothek verzeichnet diese Publikation in der Deutschen Nationalbibliografie; detaillierte bibliografische Daten sind im Internet unter http://dnb.ddb.de abrufbar.

Printed in China

ISBN 3-89405-484-0

INHALT

1 Taucher Andy Pruna begegnet einem Südkaper vor der Küste Argentiniens.

2–3 Eine Große Goldmakrele *(Coryphaena hippurus)* vor den Bahamas. Große Goldmakrelen gehören zu den schnellsten Meerestieren. Sie legen bis zu 50 Kilometer pro Stunde zurück und sind über kurze Strecken sogar noch schneller.

5 Ein Seeleopard *(Hydrurga leptonyx)* starrt mich durch einen Planktonschleier neugierig an.

VORWORT

Es gibt eine geheimnisvolle blaue Unterwelt, die mich fasziniert. Alles begann, als ich mit zehn Jahren auf eine Tanne kletterte, deren knorrige, horizontale Äste sich im Wind bogen und mich hin und her schaukelten. Die Tanne stand neben der Strandhütte meiner Grosseltern an der Küste von Oregon. Oft blies ein steifer, kalter Wind vom Pazifik, doch ich blieb in meinem Baum sitzen, blickte fasziniert auf die wechselnden Blautöne und malte mir die Welt unterhalb der Wellen aus.

Noch heute, nachdem ich jahrelang für *National Geographic* durch die Welt gereist und über viele Ozeane gefahren bin, wächst meine Faszination für das Meer. Vielleicht liegt es daran, dass ich dank Bill Curtsinger mehr darüber weiß. Bills fantastische Bilder entführen mich unter die blaue Oberfläche, hinein in die kaum erschlossene Welt der kältesten Ozeane. Die Umgebung dort ist unwirtlich und überhaupt nur bekannt, weil einige couragierte Taucher sie unter schwierigsten Bedingungen erforscht haben. Bills Arbeitsfeld sind nicht die warmen Gewässer und nicht das bunte Kaleidoskop der farbenprächtigen Korallenriffe, an die die meisten Menschen denken, wenn sie das Wort Unterwasserfotografie hören. Er bevorzugt feinere Nuancen, die ganze Palette zart abgestufter Grün- und Blautöne. »Wenn ich mein liebstes Arbeitsfeld auf der Erde nennen sollte, so wäre es die Antarktis. Insgesamt bin ich schon fünfmal dorthin gereist«, erzählt er. Bill mag karge Landschaften und flüchtige Motive. Doch keiner sollte glauben, dass seine blaugrüne Welt keine Fülle an Leben birgt. Die Polarmeere und die kalten Ozeane gehören ganz im Gegenteil zu den fruchtbarsten Gewässern der Erde. Gerade deshalb ist es so wichtig, das Leben in ihnen zu dokumentieren.

Genau dies ist Bills Leidenschaft, der er mit dem Auge eines Künstlers folgt. »Ich bin Künstler und Biologe, ich suche interessante und seltene Motive«, meint er. »Deshalb muss ich alles über mein Motiv lernen und wissen, was diese Art von allen übrigen unterscheidet. Ich muss ihre Gewohnheiten, ihr Verhalten, die Ernährungsweise, den Status der Population und die Schutzprogramme kennen, die sich um das Verständnis für die Art und ihren Erhalt bemühen.« Wie alle wirklich guten Bildreporter von *National Geographic* hat auch Bill eine Mission. Er hält keine Vorträge oder Predigten, sondern verfolgt sein Ziel im Stillen, so wie es seinem Wesen entspricht. Seine Arbeit ist geheimnisvoll, flüchtig und oftmals herausfordernd. Nehmen wir zum Beispiel

Während meiner Jugend hatte sich niemand in meiner Umgebung die Mühe gemacht, mit mir darüber nachzudenken, was ich einmal werden wollte. Unser Esstisch glich, genau wie der übrige Haushalt, einem Schlachtfeld, und für mich war es in erster Linie wichtig zu überleben. Bei meinem Vater war stets Vorsicht angebracht. Er neigte zu Gewaltausbrüchen und hielt sich erst zurück, als ich mich mit meinem Zwillingsbruder zusammentat und wir ihm die Stirn boten – mit 16. Er war immer noch unser Vater, doch plötzlich empfanden wir ihm gegenüber keinen Respekt mehr und hörten nicht mehr auf das, was er sagte. Rückblickend denke ich heute, dass er mir immerhin ein wichtiges Geschenk mit auf den Weg gab, auch wenn ich es damals als Bürde empfand: Er lehrte mich, wie ein Vater nicht sein sollte.

In unserem Haus gab es keine Bücher außer denen, die ich kaufte oder lieh, und niemand interessierte sich für intellektuelle Fragen oder Gespräche. Mein Großvater in Michigan, Russell Kemp, glich das ein wenig aus, wenn ich ihn während der Ferien besuchte. Er schickte mir auch jeden Monat sein *National Geographic Magazine*, nachdem er es gelesen hatte. Wenn ich an diese Hefte denke, wird mir klar, was sie mir bedeuteten. Meine Großeltern kamen bei einem Autounfall ums Leben, während ich meinen Dienst bei der Navy tat, doch ich glaube, Großvater wäre sehr stolz darauf gewesen, wenn er miterlebt hätte, dass ich eine von ihm angestoßene Laufbahn verfolgte.

Das Herz der Pine Barrens lag gut 35 Kilometer von meinem Heimatort Lumberton Township entfernt. Ich erinnere mich noch genau an die unberührten Seen und Teiche, in denen ich im Sommer schwamm und an deren Ufer ich meine Picknicks genoss. Ich erinnere mich an den Lake Absegami, einen 25 Hektar großen See, der mir damals riesig wie ein Meer vorkam. Wenn die Strandwächter am Abend nach Hause gingen, schwamm ich über eineinhalb Kilometer zum anderen Ufer und zurück. Damals war ich 15. Häufig saß ich stundenlang auf einem schmalen Sandstreifen am Südufer und schaute zu, wie Rotbauch-Schmuckschildkröten auf Baumstämmen ein Sonnenbad nahmen. Manchmal warf ich einen Stein in ihre Richtung, um irgendeine Reaktion bei ihnen auszulösen. Das erste Foto, das ich in meinem Leben machte, zeigt eine dieser Schildkröten, die auf einem Baumstamm am Rand eines Teiches der Pine Barrens liegt. Ich machte das Bild mit einer Kodak Retinette 1A 35 mm Rangefinder, die ich in einem Geschäft in der Nähe gekauft hatte. Die Kamera besaß keinen Lichtmesser, und damit ich sie überhaupt benutzen konnte, musste ich Grundkenntnisse in Fotografie erwerben. Ich habe das nie bedauert und denke noch heute, wer ernsthaft fotografieren will, sollte seine Digitalkamera beiseite legen und zunächst mit einem Apparat arbeiten, bei dem man Licht bewusst einsetzen muss. Etwa um die gleiche Zeit kaufte ich meine ersten Naturbücher. Sie gaben mir viele Anregungen.

Während des Vietnamkrieges wurde ich, während ich in Arizona das College besuchte, einberufen und landete bei der Navy, wo ich Mitglied der Atlantic Fleet Combat Camera Group wurde, einer Eliteeinheit von Fotografen. Wir waren in Norfolk, Virginia, stationiert. Ich wurde zum Taucher ausgebildet und begann, als Fotograf um die Welt zu reisen. Ich meldete mich freiwillig für den Dienst in der Antarktis und wurde 1968 dort eingesetzt. Man teilte mich auch dem National Science Foundation's Office of Polar Programs zu. Damals unterstützte die Navy die wissenschaftliche Erforschung der Antarktis durch die Vereinigten Staaten von Neuseeland und den USA aus mit Schiffen, Hubschraubern, Leichtflugzeugen und Versorgungslieferungen. Während meines ersten Aufenthalts in der Antarktis bekam ich zum ersten Mal in meinem Leben Meeressäuger – Robben – vor die Linse. Außerdem lernte ich, im eiskalten Wasser zu tauchen, eine Leidenschaft, die ich bis heute pflege. Ich verließ die Navy 1970. Einen Monat später erhielt ich meinen ersten Auftrag von *National Geographic*, eine Fotoreportage über das Leben in der Antarktis. Durch diesen Auftrag entdeckte ich eine Nische und fotografierte fortan für das Magazin in aller Welt Wale, Robben und Delfine – bis heute. Mit meinem jüngsten Artikel über Schweinswale im Golf von Maine, der im Juni 2003 erschien, habe ich insgesamt 33 Beiträge für *National Geographic* veröffentlicht, darunter sechs Titelstorys.

Nachdem ich zwei Jahre lang Meeressäuger fotografiert hatte, wurden meine Bilder 1979 erstmals in einem Bildband zusammengefasst. David Brower von Friends of the Earth gab ihn mit Texten von Ken Brower unter dem Titel *Wake of the Whale* heraus.

Es gibt Fotos und Aufnahmen. Man schießt ein Foto, aber man erarbeitet sich eine Aufnahme. Berufsfotografen machen Aufnahmen. Bevor ich ins Feld gehe, weiß ich schon relativ genau, welche Art von Aufnahmen ich nach Hause bringen möchte. Ich richte meine gesamte Energie auf dieses Ziel. Oft kreisen meine Träume um diese Aufnahmen. Ich träume, wie ich mit einem Tier zusammen schwimme, das ich noch nie zuvor gesehen habe, und wie ich mit fantastischen Aufnahmen von dieser Begegnung zurückkehre. Ich denke immerzu an sie. Manchmal klappt alles wunderbar. Dann wieder lässt sich eine Aufnahme nicht verwirklichen, sie bleibt ein Traumbild. Einige Aufnahmen sind Überraschungen, und ich habe im Lauf der Jahre gelernt, mich schnell auf unvorhersehbare Gelegenheiten einzustellen. Einmal saß ich auf einer Klippe am Cape Crozier in der Antarktis. 130 000 Pinguinpaare finden sich hier im Sommer zum Brüten ein. Hinter mir hatte eine Kolonie einen großen Hügel besetzt. Im Wasser unter mir trieb langsam eine flache Eisscholle herbei. Auf ihr saß eine große Gruppe von Adeliepinguinen. Das Wetter war regnerisch, das Licht trüb. Der Anblick der Pinguine auf der Eisscholle fesselte mich; scharf hoben sich ihre schwarz-weißen Leiber gegen das weiße Eis ab. Ich schnappte meine Kamera, in der ein Schwarzweißfilm lag. Nach ein bis zwei Aufnahmen schob sich am äußersten Rand der Scholle ein Seeleopard empor. Wie mit einer einzigen Bewegung drehten sich sämtliche Pinguine gleichzeitig zu dem Raubtier um. Ich hatte mein Auge und die Kamera auf die Pinguine gerichtet und fotografierte nun ihre Rücken. In gewisser Weise hat der Seeleopard mir geholfen, die beiden Aufnahmen der Pinguine – von vorn und von hinten – zu machen. Mein Auge war nur zur rechten Zeit am richtigen Ort. Und genau das ist mein Ziel: Ich versuche für alle Überraschungen bereit zu sein, die mir über den Weg laufen, und die besten Aufnahmen mitzunehmen.

Ich bin Fotograf, kein Taucher. Tauchen ist für mich nur ein Mittel zum Zweck, damit ich den Tieren begegne, die mir am meisten bedeuten, so wie andere ein Auto benutzen, um ihr Pferd in irgendeinem Stall zu besuchen. Tauchen ermöglicht mir, Bilder von Lebewesen zu machen, die die meisten Menschen noch nie gesehen haben und in ihrem ganzen Leben niemals leibhaftig sehen werden. Unter Wasser fühle ich mich wohl – so wohl, dass ich manchmal vergesse, dass ich tauche, und mich nur noch auf meine Aufnahme konzentriere.

Zu den wichtigen Merkmalen, die meine Arbeit auszeichnen, gehört die Tatsache, dass ich mich nicht für die farbenprächtigen Korallenriffe interessiere, die für die meisten Menschen der Inbegriff der Unterwasserwelt sind. Die fruchtbarsten Ozeane der Erde liegen in polaren und gemäßigten Breiten, nicht in den Tropen. Die meisten wertvollen Speisefische stammen aus temperierten Gewässern. Ich habe es stets als Herausforderung empfunden, das weniger Bekannte und Auffällige zu fotografieren, Lebewesen aus entlegenen, kalten Regionen der Erde, die kaum einer je zu Gesicht bekommen hat. Ich mache lieber Aufnahmen von rauen Landschaften und Tieren, die man schwer zu fassen kriegt. Meine Aufnahmen der Unterwasserwelt wirken manchmal urzeitlich oder primitiv, und über lange Strecken bin ich ins Meer hinabgetaucht ohne Unterstützung durch jemanden, der sich dort bereits auskannte. Dies gilt sowohl für meine Arbeiten über Meeressäuger als auch für viele andere Wasser- und Meeresbewohner, die ich fotografiert habe.

Davon erzählt der vorliegende Band. Er nimmt die Leser und Betrachter mit in entlegene Winkel der Erde und präsentiert ihnen künstlerisch ungewöhnliche Aufnahmen von Unterwasserlebewesen, die sie so vermutlich noch nicht gesehen haben. Unterwasseraufnahmen dieser Art zu machen, ist schwierig und häufig gefährlich. Ich musste mir dafür Fähigkeiten antrainieren, die weit über das hinausgehen, was ein Hobbytaucher im Urlaub lernt. Die Unterwasserwelt eines Korallenriffs zu bestaunen ist etwas anderes, als im eiskalten, dunklen Meer zu arbeiten. Manchmal er-

21 Die schönste und bedrohteste Robbenart, die Hawaii-Mönchsrobbe, umfasst nur noch 2000 Tiere und steht kurz vor dem Aussterben.

fordert es unglaubliche Anstrengungen, bis ich den Tieren begegne, mit denen ich arbeiten möchte. Viele Arten, von denen ich Aufnahmen gemacht habe, wurden noch nie zuvor fotografiert. Ich betrachte mich selbst als Künstler, bin aber zugleich Biologe. Bevor ich zu einer Reise aufbreche, bereite ich mich wochenlang vor. Ich muss alles über mein Motiv herausfinden und wissen, wodurch sich eine bestimmte Art von einer anderen unterscheidet. Ich muss die Gewohnheiten der Tiere kennen lernen und ihre Verhaltensweisen verstehen; muss wissen, wann sie wohin ziehen, wo ihr bevorzugter Lebensraum ist, wie sie jagen und sich paaren. Außerdem informiere ich mich über alle laufenden Forschungs- und Schutzprojekte, die »meine« Art vor dem Aussterben bewahren sollen. Ich überlege genau, wohin ich am besten fahre, um mit den Tieren zu arbeiten. Bevor ich abreise, muss ich meinen Redakteur und mich selbst davon überzeugen, dass es sich lohnt, Zeit und Geld an einem bestimmten Ort zu investieren, dass ich also mit Aufnahmen zurückkehren werde, die neu und völlig anders sind.

25 Kate Mahoney, Biddeford Pool, Maine; Bleistift und Buntstift, 28 x 35 Zentimeter, 1988.

mer. Dein Papa.« Heute studiert Owen an der Universität Kreatives Schreiben.

Im Sommer 2003 starb nach 29 Ehejahren meine Frau Kate Mahoney, die Mutter unserer beiden Söhne, an Brustkrebs. Sieben Jahre lang hatte sie gegen die Krankheit gekämpft. An einem Morgen im Juni schlief sie schließlich friedlich in einem Zimmer unseres Hauses in Maine ein. Sie war Malerin und Kunstdruckerin, die Kunst war ihre große Liebe. Viele Bilder in diesem Buch entstanden in Augenblicken, die wir teilten. In den ersten acht Jahren unserer Ehe trennten wir uns kaum voneinander. Sie begleitete mich auf all meinen Reisen und nahm an meiner Arbeit auf vielfältige Weise teil. Sie unterstützte die Verwirklichung meiner Träume und die Arbeit, die auf diesen Seiten zu sehen ist. Für meine Söhne und mich war es sehr schwer, uns auf ein Leben ohne sie einzulassen. Wir sehen, dass sie jetzt, nach ihrem langen Kampf, den Frieden in einer Welt gefunden hat, die wir teilen und lieben, und wir wissen, dass sie nun nicht mehr leiden muss. Ihre Liebe und ihr strahlendes Lächeln werden uns für immer begleiten. Wir sind glücklich darüber, dass sie uns so viel Schönes hinterlassen hat, Bilder und Drucke, die uns an sie erinnern und die täglich zu uns sprechen. Drei Worte – Kunst, Liebe und Lachen – rufen uns ihr Bild wie nichts anderes ins Gedächtnis. Wir haben sie auf dem Grabstein einmeißeln lassen.

Immer, wenn mir das Leben trostlos scheint, höre ich eine innere Stimme. Als junger Mann hörte ich schon auf sie, und sie sagte mir, dass in der großen weiten Welt Aufgaben auf mich warten würden. Ich hatte Träume und schaffte es, mein Ziel zu erreichen. Ich halte oft Reden und stelle meine Arbeit vor. Dabei sage ich den Zuhörern, dass sie auf ihre innere Stimme lauschen sollen. Wenn du etwas erreichen willst, wenn du Gipfel erklimmen willst, die du für zu hoch hältst, dann musst du an dich selbst glauben, auf deine innere Stimme vertrauen und an deinen Weg glauben. Ich habe an mich selbst geglaubt und an das, was ich tun wollte, und bin auf den nächsten Gipfel zugegangen, den es zu erklimmen galt, um mein Ziel zu erreichen.

Der vorliegende Band enthält viele Aufnahmen, die ich für erinnernswert halte. Die Augen des Seeleoparden, gerade geschlüpfte Meeresschildkröten, Kaiserpinguine beim Tauchen, Sattelrobben im Eis der Arktis, Schweinswale im Golf von Maine und stromaufwärts schwimmende Atlantiklachse – sie alle gehören zu meinen Lieblingsaufnahmen. Dieser Liste möchte ich weitere Fotografien hinzufügen. Ich hoffe, dass meine Arbeiten einigen Menschen gezeigt haben, wie schön unsere Erde ist, und dass andere durch sie gelernt haben, Dankbarkeit für die Wunder der Natur zu empfinden – vor allem für jene Dinge, die oft unerkannt und unentdeckt bleiben.

DIE ANTWORT

von Robinson Jeffers

Was bleibt uns dann als Antwort? – Die Träume nicht für wahr zu nehmen.
Sich klar sein, dass alle Hochkulturen in Gewalt entartet sind und dass
Tyrannen kamen, schon soviel mal zuvor.
Wenn offene Gewalt aufbricht, sie mit Anstand meiden oder sich der
weniger infamen Partei anschließen; diese Übel sind die Natur der Sache.
Sich selber treu sein, mitleidig bleiben, sich nicht kaufen lassen
und nicht abfahren
Auf Träume von weltweiter Gerechtigkeit und allgemeinem Glück. Denn
derlei Träume zerrinnen schnell.
Sich über all das klar sein und dennoch wissen, dass – so hässlich
auch die Teile sind – das Ganze schön bleibt. Eine abgehackte Hand
Ist eine wüste Sache, und auch der Mensch wird oft zum Zerrbild
abgesondert vom Erdreich, den Sternen, der Geschichte –
Ob im Denken oder Tun. – Lauterkeit heißt Eins-Sein, alle Wohlgestalt beruht
In der organischen Einheit, der Einheit des Lebens und der Dinge,
der Göttlichkeit des Weltalls. Daran hänge dein Herz, nicht an den Menschen
Abseits davon, sonst verläufst du dich auf seinen elenden Abwegen
oder ertrinkst in der Verzweiflung, wenn seine Nacht hereinbricht.

REISEN ZU OWEN: TAGEBÜCHER FÜR MEINEN SOHN OWEN, UNSERE VERBINDUNG ZWISCHEN WEIT ENT-FERNTEN WELTEN.

Detail einer Seite des Tagebuchs zur Rongelap-Reise.

27

27 links oben und unten
Seiten aus dem Rongelap-Tagebuch (Marshall-Inseln).

27 rechts oben und unten
Tagebuchseiten, Südostalaska.

BILL CURTSINGER

UNTER WASSER

Vor einem Tauchgang
in der Antarktis, 1968.

Mit Südkapern, 1972.

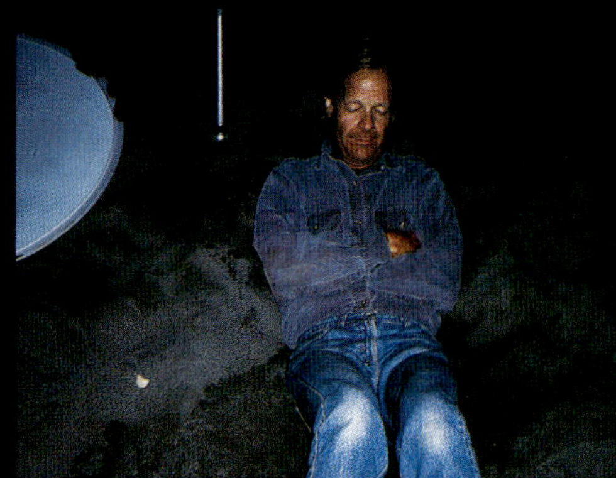

Warten auf Meeresschildkröten an einem
einsamen mexikanischen Strand, 1993.

30–31 Ein neugieriger Hai beäugt im Golf von Maine meine Kamera. Die kleinen Poren auf seiner Schnauze heißen Lorenzinische Ampullen. Mit diesen Elektrorezeptoren nehmen Haie von anderen Tieren produzierte elektromagnetische Felder wahr.

32–33 Am Bikini-Atoll schwimmt eine Blauflossenmakrele durch das Wasser. Um ihre Geschwindigkeit auf dem Bild einzufangen, habe ich mit Blitz und einer langsamen Verschlusszeit gearbeitet.

In der Antarktis, 1983.

Eric Hiner und ich beim Einstellen einer Haikamera, 1994.

Auf der Vulkaninsel Deception Island, Antarktis, 1969.

34–35 Krokodil-Hornhechte *(Tylosaurus crocodilus)* sind die größten Mitglieder der Familie Belonidae. Dieser hier jagt vor den Cayman Islands dicht unter und über der Wasseroberfläche.

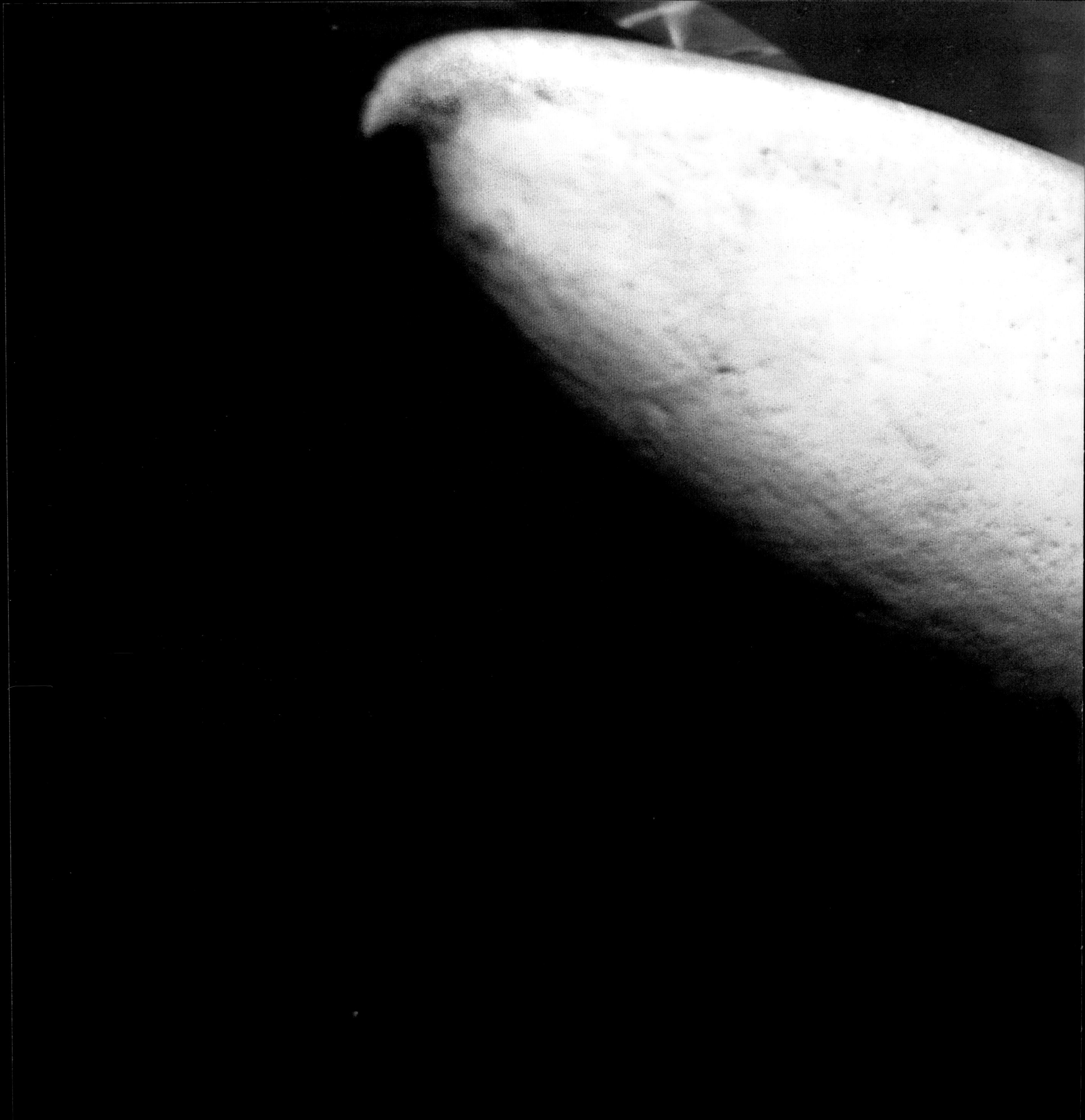

40 Das 17 Meter lange Segelboot *Awahnee* in der Gerlache Strait, Antarktis.

41 links Neben dem jungen Seeelefanten wirkt der Taucher ziemlich klein.

41 rechts Mit Kaiserpinguinen im McMurdo Sound.

einzigartige Schönheit und Artenvielfalt, genauso wie die Strategien, die hier heimische Pflanzen- und Tierarten entwickelt haben, um der Kälte standzuhalten.

Beim zweiten Mal erreichte ich die Antarktis mit dem Schiff. Ich fuhr von Punta Arenas in Chile durch die Magellanstraße zur US-Basis Palmer Station. Eine schlichte Erkenntnis nahm ich von dieser Überfahrt mit: Das Meer friert zu. Theoretisch war mir das vorher schon klar, doch als ich vom Deck aus über die endlose weiße Fläche blickte, stand mir plötzlich deutlich vor Augen, dass ich eine extrem harte, lebensfeindliche Welt betrat – eine Welt voller Extreme, in der nur der gut Ausgerüstete überlebt. Im Winter friert der Ozean nicht nur an den Küsten zu; die Eisfläche erstreckt sich vielmehr bis zum 60. Grad südlicher Breite. Die Wassertemperaturen schwanken zwischen −1,8 und 10 °C. In der Antarktis werden die stärksten Stürme der Erde gemessen. Gewaltige Wellen haben hier bereits viele Seeleute demutsvoll gestimmt und manch andere in die Tiefe gerissen. Die höchsten Wellen sah ich vom Schiff aus in der Drake-Passage zwischen Kap Hoorn und der Antarktis. Ich fuhr auf einem Eisbrecher, der sich mitten durch das tosende Meer seinen Weg bahnte. Damals sah ich auch meinen ersten Eisberg. Dort, wo die riesigen Eisflächen der Antarktis ans Meer grenzen, entstehen die mächtigen Eisberge des Südlichen Ozeans. Für mich sind sie die großen Monumente der Polarwelt, die ich so liebe. Für Seeleute, die durch die Gewässer der Antarktis navigieren, sind sie ein erschreckender Anblick und der Alptraum schlechthin. Nur die Spitze ragt aus dem Wasser, doch darunter kann ein solcher Eisberg mehrere hundert Meter tief reichen. Eisberge entstehen auf dem antarktischen Kontinent: Das Eis, das das Festland bedeckt, fließt langsam als Gletscher Richtung Meer, wo es abbricht und, getrieben von Strömung und Wind, als Eisberg durch das Meer treibt. Schließlich bricht der Berg auseinander oder schmilzt im wärmeren Wasser, wenn er nach Norden driftet.

Wie kann es in diesem eiskalten Meer Leben geben? Tatsächlich zählt der Südliche Ozean zu den fruchtbarsten Gewässern der Erde. Die am häufigsten vorkommende Art ist Krill – winzige, im Wasser lebende Krebstiere der Art *Euphausia superba*, die auch als erste Stufe der antarktischen Nahrungskette betrachtet werden. Fast jedes Meereslebewesen ernährt sich hier entweder direkt oder indirekt von Krill. Viele Fischarten, aber auch Wale, Robben und Seevögel fressen Krill. Pinguine lassen ihre Küken an Land zurück und schwimmen auf der Suche nach Krill tagelang durchs offene Meer. Dann kehren sie zurück, um die Jungen mit ausgewürgtem Krillbrei zu füttern.

Einmal ging ich in der Antarktis an einem Strand entlang und stolperte über einen Schädel. Der Sturm hatte ihn ans Ufer gespült. Viel war nicht mehr von ihm übrig, doch im Kiefer steckten noch einige Zähne. Offensichtlich stammte der Schädel von einer Robbe, wenngleich die Zähne sehr seltsam aussahen. An einigen Stellen waren sie abgerundet und glichen kleinen emaillierten Wellen mit gefrorener Schaumkrone. Sie passten nicht zu einer Robbe, die kräftig und regelmäßig in Fleisch oder Fisch beißt. Die obere und die untere Zahnreihe griffen ineinander und bildeten eine Art Sieb. Kein Zweifel, ich hatte den Schädel eines Krabbenfressers *(Lobodon carcinophagus)* entdeckt. Diese Robbenart ernährt sich nicht von Fisch, sondern von Krill, und die Zähne haben sich dieser Nahrung perfekt angepasst. Schätzungen zufolge vertilgen die Tiere jährlich 60 Millionen Tonnen Krill. Sie schöpfen mit dem Maul große Mengen Meerwasser und pressen es anschließend durch die Sieböffnungen der Zähne wieder hinaus. Der Krill bleibt an den Zähnen hängen und wird geschluckt. Die Heimat der Krabbenfresser ist das antarktische Packeis, das von Meeresströmen gelenkt um den Südpol treibt und unter dem Einfluss von Wind und Wellen in große Stücke bricht. Hier finden die Robben ihre Nahrung, paaren sich und bringen auf Eisschollen ihre Jungen zur Welt. Nur selten betreten sie Festland.

An einem abgelegenen, eisbedeckten Strand bei Cape Crozier fing ich an, das Gesetz des eiskalten Dschungels zu begreifen und Verständnis und Wertschätzung für die Tierwelt zu entwickeln. Details aus meinem Biologiestudium kamen mir plötzlich in den Sinn. Alte Begriffe weckten wieder meine Neugierde: Evolution, Ökologie, Verhaltensforschung, Überlebensstrategien, Fortpflanzung und Räuber-Beute-Verhältnis. Am Cape Crozier begannen sich die Teile des großen Naturpuzzles allmählich zusammenzufügen – jenes Puzzles, an dem ich bis heute arbeite. Am Cape Crozier erwachte auch erstmals in mir der Wunsch, eine Robbe zu sein. Ich wollte sie kennen lernen, in ihrer Welt schwimmen, wie sie denken und Teil ihres Alltags werden, um Neues über sie zu erfahren und ihre geheimnisvolle Welt in gedruckter Form einer breiten Öffentlichkeit bekannt zu machen. Ich erfüllte mir meinen Wunsch, indem ich wochenlang Seeleoparden beobachtete.

Fünf Robbenarten sind in der Antarktis zu Hause, doch nur die Seeleoparden fressen warmblütige Beutetiere. Zwar dient auch ihnen vermutlich Krill als Hauptnahrungsquelle, doch darüber hinaus jagen sie andere Robben und Pinguine. Häufig erbeuten sie Pinguine, wenn diese ihre Nistplätze verlassen und ihre Futtergründe im Packeis aufsuchen. 2003 attackierte und tötete ein Seeleopard sogar eine Meeresbiologin, die unweit der britischen Rothera-Research-Station im Meer schnorchelte. Dies war allerdings der erste belegte Angriff eines Seeleoparden auf einen Menschen. Ich selbst bin bei mehreren Gelegenheiten mit Seeleoparden getaucht und weiß, dass man in ihrer Gegenwart stets wachsam bleiben muss, doch bedroht habe ich mich von ihnen nie gefühlt. Zu sehen, wie die eleganten Schwimmer die Verfolgung eines Pinguins aufnehmen und diesen schließlich erbeuten, gehört zu den großen Schauspielen der Natur. Für den Pinguin geht es dabei um Leben und Tod, doch auch der Seeleopard kann in der unwirtlichen Umgebung nur überleben, wenn er Beute macht. So ist das Leben. Als junger Mann musste ich diese biologische Grundregel erst einmal verdauen.

Lange Zeit galt Tauchen als ruhige Sportart. Als Kind las ich mehrfach Cousteaus Buch *Die schweigende Welt* und glaubte, die Welt unterhalb der Wasseroberfläche müsse ein Ort der Stille sein. Von der Wirklichkeit lag ich damit meilenweit entfernt. Das Meer ist ein riesiges Durcheinander von Geräuschen. Der Schall bewegt sich unter Wasser schneller und weiter fort als in der Luft. Wenn man unter Wasser einmal den Atem anhält, nimmt man die seltsamsten und wunderbarsten Laute wahr. Unter dem Eis des McMurdo Sound hört man zum Beispiel genau, wenn ein Räumfahrzeug über die Eisdecke kratzt, ein Auto davonfährt oder ein Flugzeug am drei Kilometer entfernten Williams Field auf dem Eis landet. Man hört Weddell-Robben, die mir immer vorkommen wie die Ureinwohner der Antarktis, die Einheimischen, die ihre Heimat nie verlassen. Sie ziehen im Winter nicht nach Norden oder auf eine der wärmeren subantarktischen Inseln. Selbst wenn die Dunkelheit des Polarwinters sich über die Antarktis senkt und es andere Arten nach Norden treibt, gehen die Weddell-Robben unter dem Eis auf die Jagd. Sie unterscheiden sich in vielerlei Hinsicht von anderen in der Antarktis heimischen Arten. Kein anderes Säugetier hat seinen natürlichen Lebensraum so weit im Süden; und sie gehören zu den Meeressäugern, die am tiefsten tauchen. Man hat Weddell-Robben beobachtet, die länger als eine Stunde in 600 Metern Tiefe blieben – eine wirklich erstaunliche Leistung. Dank ihrer großen Augen können sie auch bei schlechten Lichtverhältnissen unter dem Eis gut sehen. Mit ihren Zähnen halten sie Atemlöcher frei. Doch damit nicht genug: Sie verfügen über ein komplexes Echolotsystem, mit dem sie Beute orten, fangen und dann den Weg zurück zu ihrem Atemloch finden können. Auch erzeugen sie einen seltsamen, wunderbaren Gesang, der wie ein Trillern aus einer anderen Welt klingt. Man kann ihn unter Wasser hören.

Stellen Sie sich vor, sie seien selbst eine Weddell-Robbe. Schauen Sie in dem Zimmer, in dem Sie gerade sitzen, zur Decke. Stellen Sie sich vor, Sie schwämmen unter diesem Himmel aus Eis, und es gäbe nur ein winziges Loch, durch das Sie Luft holen könnten. Sie befinden sich 600 Meter unter dem Eishimmel und weit entfernt von dem Atemloch. Schon eine

Stunde lang haben Sie einen riesigen Antarktiskabeljau gejagt. Ihre innere Uhr beginnt zu ticken und sagt Ihnen, dass die Luft in den Lungen zu Ende geht. Und so kehren Sie eben zurück zu Ihrem Atemloch – mit oder ohne Fisch. Hunderte, ja Tausende von Weddell-Robben sind in diesem Moment genau damit beschäftigt. Möge ihr Singen nie ein Ende haben.

Über Jahre hinweg habe ich davon geträumt, Kaiserpinguine, die größte und eleganteste Pinguinart, zu fotografieren. Man bekommt sie nur selten unter Wasser zu Gesicht, denn wenn sie ihre Nistplätze verlassen, ziehen sie sich weit ins offene Meer zurück. Pinguine können nicht fliegen und wirken plump und unbeholfen, wenn sie auf dem Eis oder Festland herumwatscheln. Doch unter Wasser sind sie in ihrem Element. Was ihnen an Land an Beweglichkeit fehlt, machen sie beim Schwimmen wett. Mit hoher Geschwindigkeit vollführen sie die tollsten Manöver und gehören schon deshalb zu den besten Schwimmern der Welt. Während meines Antarktisaufenthalts 1984 konnte ich meinen Traum verwirklichen und mich unter Wasser einer Gruppe von Kaiserpinguinen nähern. Ich tauchte am Rand des Packeises im MacMurdo Sound. Erst glaubte ich, sie würden davonschwimmen, doch dann präsentierten sie einen 20-minütigen Schnellschwimmlehrgang der Meisterklasse. Ich fühlte mich wie auf dem ersten Rang in einer Zirkusarena. Sie schwammen über und unter mir und um mich herum und zeigten ungehemmt ihre Kunststücke, während ich sie voller Ehrfurcht beobachtete und fotografierte.

Pinguine haben unter ihrer Haut eine mächtige Fettschicht und darüber eine dicke und sehr dichte Schicht aus Federn, die Luft einschließen und isolierend wirken. Wenn sie unter Wasser ihr Tempo beschleunigen, wird die Luft aus den Federn gepresst. Das erzeugt eine Spur von Blasen, die an den Kondensstreifen eines Flugzeugs erinnert. Je mehr Blasen zu sehen sind, desto schneller schwimmen die Tiere. Ich nehme an, dass sie sich danach aufs Eis schwingen, aufplustern und eine Weile ausruhen, bis sich wieder genügend wärmende Luft zwischen und unter ihren Federn gesammelt hat. Einige meiner Aufnahmen von schwimmenden Pinguinen zeigen verschwommene Kaiser, die vorbeijagen. Oft konnte ich ihnen kaum mit meiner Kamera folgen, so schnell waren sie unterwegs. Doch die Begegnung bescherte mir ein paar fantastische Fotos und einige der schönsten Momente, die ich je unter Wasser erlebt habe.

Packeis und mit dem Land verbundene Eisflächen bieten Pinguinen eine Basis, auf der sie ruhen, sich vor Feinden in Sicherheit bringen und von einem Ort zum anderen gelangen können. Wenn man beobachtet, wie Adeliepinguine ihre riesigen Kolonien am Cape Crozier erreichen und verlassen, scheint es, als würden sie auf einer Eisscholle genau bis zu dem Ort »fahren«, an dem ihr Nistplatz an Land liegt. Dort angekommen, hüpfen sie ins Wasser und schwimmen kurz ans Ufer. Die Eisscholle ist ihr Bus, und sie steigen einfach aus, wenn sie ihre Haltestelle erreicht haben. Genauso wirkt das Ganze jedenfalls, auch wenn es natürlich unglaubwürdig klingt. Da rund um die Brutkolonien Seeleoparden im Wasser lauern, macht es natürlich Sinn, wenn die Pinguine möglichst kurze Strecken schwimmen und sich stattdessen von einer Eisscholle ans Ziel tragen lassen.

Treibende Inseln im Ozean

45 Kleine Eisberge vor Anvers Island, Antarktis.

Sonnenuntergang
Palmer-Archipel

46–47 Die *U.S. R/V Hero* ankert vor Paradise Harbor auf King George Island, Antarktis.

47 Ein Hubschrauber der US-Küstenwache landet auf einer kleinen schneebedeckten Insel vor der Küste der Antarktis.

1420
COAST GUARD
13

48–49 Ein Hubschrauber der US-Küstenwache über der Gerlache Strait, Antarktis.

50 Das ehrwürdige Profil eines Kaiserpinguins, der schönsten Pinguinart überhaupt.

51 Kaiserpinguine begutachten das Packeis im McMurdo Sound.

52 Pinguine lassen sich häufig auf den Bauch fallen und schieben sich dann mit den Füßen vorwärts.

53 Kaiser- und Adeliepinguine wandern gemeinsam über das Packeis des McMurdo Sound.

54–55 Bei Cape Hallet, Victorialand, schlittern Kaiserpinguine über das Eis. Im Hintergrund erkennt man einen mächtigen, ins Meer hineinragenden Tafeleisberg.

56 Seeleoparden schlafen auf einer kleinen Eisscholle.

56–57 Ein einsamer Adeliepinguin auf einer Eisscholle vor der Antarktisküste.

58–59 Kaiserpinguine schwimmen entlang der Packeisgrenze im McMurdo Sound.

60 und 60–61 Wenn Kaiserpinguine unter Wasser beschleunigen, wird Luft aus ihrem dichten Federkleid gepresst und wirbelt als Blasenspur hinter ihnen her.

62 und 62–63 Ein Seeleopard gähnt und ruht sich auf einer Eisscholle aus.

64–65 Ein junger Seeelefant schwimmt im seichten Wasser vor Anvers Island, Antarktis.

66 und 66–67 Ein Seeleopard demonstriert seine Unterwasserschwimmkünste.

Weddell-Robben

72–73 und 73 Weddell-Robben können über eine Stunde lang in 600 Meter Tiefe bleiben.

TREIBENDE GEISTER

UND LEBEWESEN AUS DER TIEFE

SOBALD EIN ASTRONAUT EINEN FLUG IN DEN WELTRAUM UNTERNIMMT, SCHAUT DIE GANZE WELT ZU. NATÜRLICH TRÄGT ER EINEN MIT MODERNSTER TECHNIK HERGESTELLTEN RAUMANZUG. Jeder Atemzug, jeder Herzschlag, jede Bewegung wird minutiös beobachtet, gefilmt und von Hunderten von Technikern in der Bodenstation kontrolliert. Monatelang hat der Astronaut sämtliche Bewegungen und Arbeiten trainiert, die er nun ausführt. Natürlich besteht immer die Gefahr und die Möglichkeit, dass plötzlich etwas schief geht. Wir alle können uns sicher noch gut an Raumflüge erinnern, die katastrophal oder zumindest nicht wie geplant endeten.

Diese Gedanken kommen mir in den Sinn, wenn ich eine Aufnahme betrachte, die ich von einer Meeresbiologin machte, als sie unter das Eis der Antarktis tauchte. Das Bild könnte genauso gut aus dem Weltraum stammen. Über der Taucherin liegt, etwa zweieinhalb Meter dick, die sonnenbeschienene Eisdecke, die sie von der Erde trennt. Sie stößt in eine Welt vor, wie sie für Menschen kaum feindlicher sein könnte. Und sie ist so weit von menschlicher Hilfe entfernt, wie man auf unserer Erde nur sein kann. Die Wassertemperatur beträgt etwa −1,8 °C. Der Anzug der Taucherin besteht aus Gummi, war gerade einmal 800 Dollar teuer und hat ein Loch. Ihr ist sehr kalt. Sie ist völlig auf sich alleine gestellt und kehrt nur kraft ihrer eigenen Intelligenz und Klugheit und ihres Urteilsvermögens unversehrt an die Oberfläche zurück. Auf dem Grund des McMurdo Sound, den sie erforscht, leben vor allem Schwämme und Seesterne, die so genannten Schwammgemeinschaften. Die Nadeln abgestorbener Kieselschwämme bedecken den Boden wie ein Teppich, auf dem Schwämme und andere Organismen siedeln. Der kleine rote Seestern der Art *Odontaster validus* ist überall vertreten. In dieser Lebensgemeinschaft am Meeresgrund scheinen sich die erstaunlich mobilen Tiere in Zeitlupe fortzubewegen, und irgendwie mutet dieser kleine Ausschnitt des Lebens am Rand des Planeten primitiv an.

Die Erforschung der Tiefsee, des Abyssals, gewährt uns Einblicke in ein isoliertes und einzigartiges biologisches System. Die dort heimischen Arten haben sich spezialisiert und behaupten sich deshalb selbst unter Extrembedingungen. Der Lebensraum am Grund unter dem Eis des McMurdo Sound weist erstaunliche Parallelen zu den Gemeinschaften des Abyssals auf. Wissenschaftler können hier Studien in ähnlicher Umgebung durchführen, sparen aber die enormen Summen, die Expeditionen in die Tiefsee verschlingen. Die Fauna in der Kaltwasserregion unterscheidet sich zum Teil kaum von jener des Abyssals in vielen

75 Eine große Qualle der Art *Desmonema glaciale* unter dem 2,5 Meter dicken Packeis im McMurdo Sound.

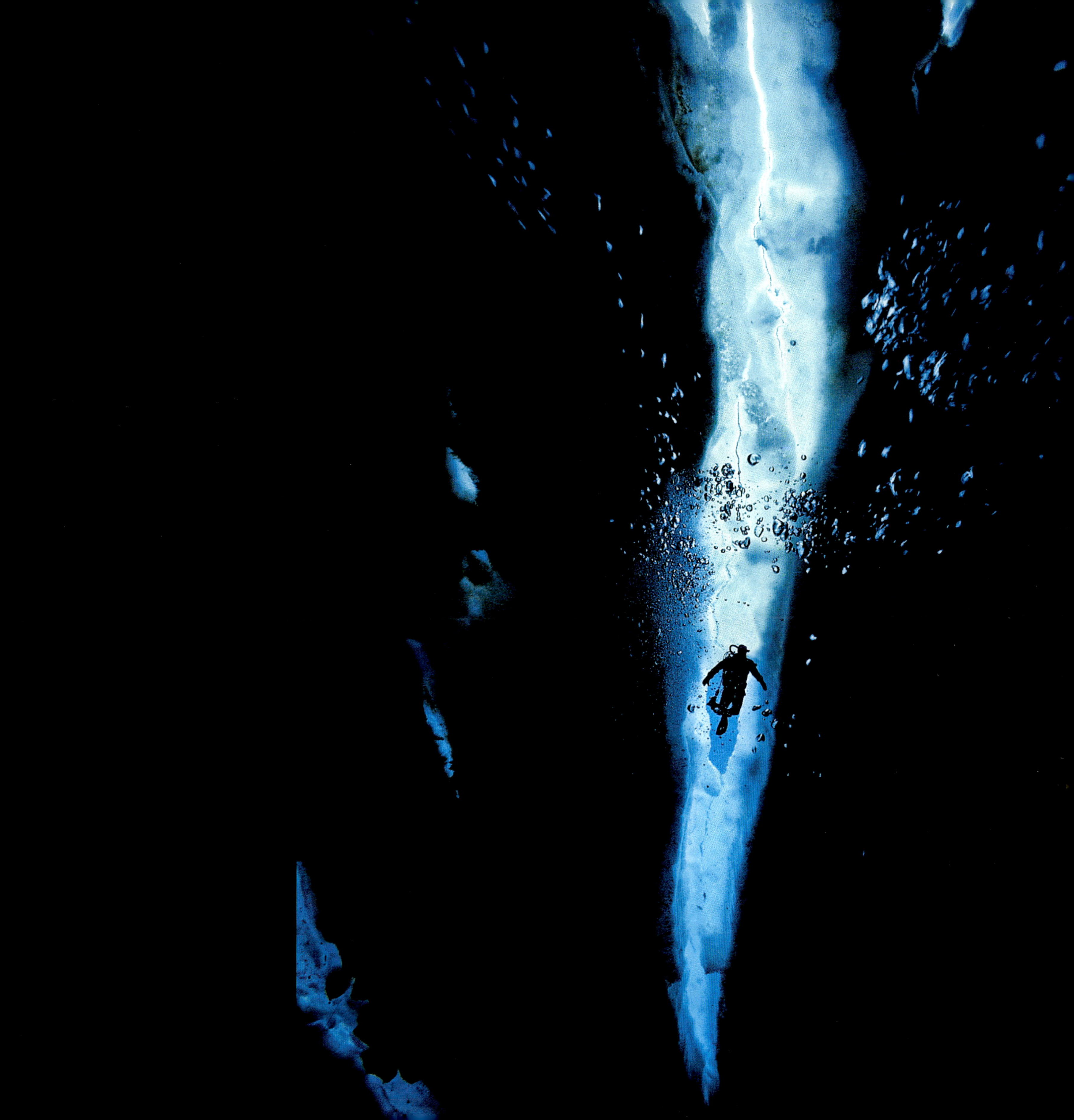

POSEIDON U.S.A.
DACOR

Grazile Schönheiten

Forscher mit Qualle

80–81 Die Meeresbiologin Terrie Klinger beobachtet im McMurdo Sound eine rote Tiefseequalle der Art *Periphylla periphylla*.

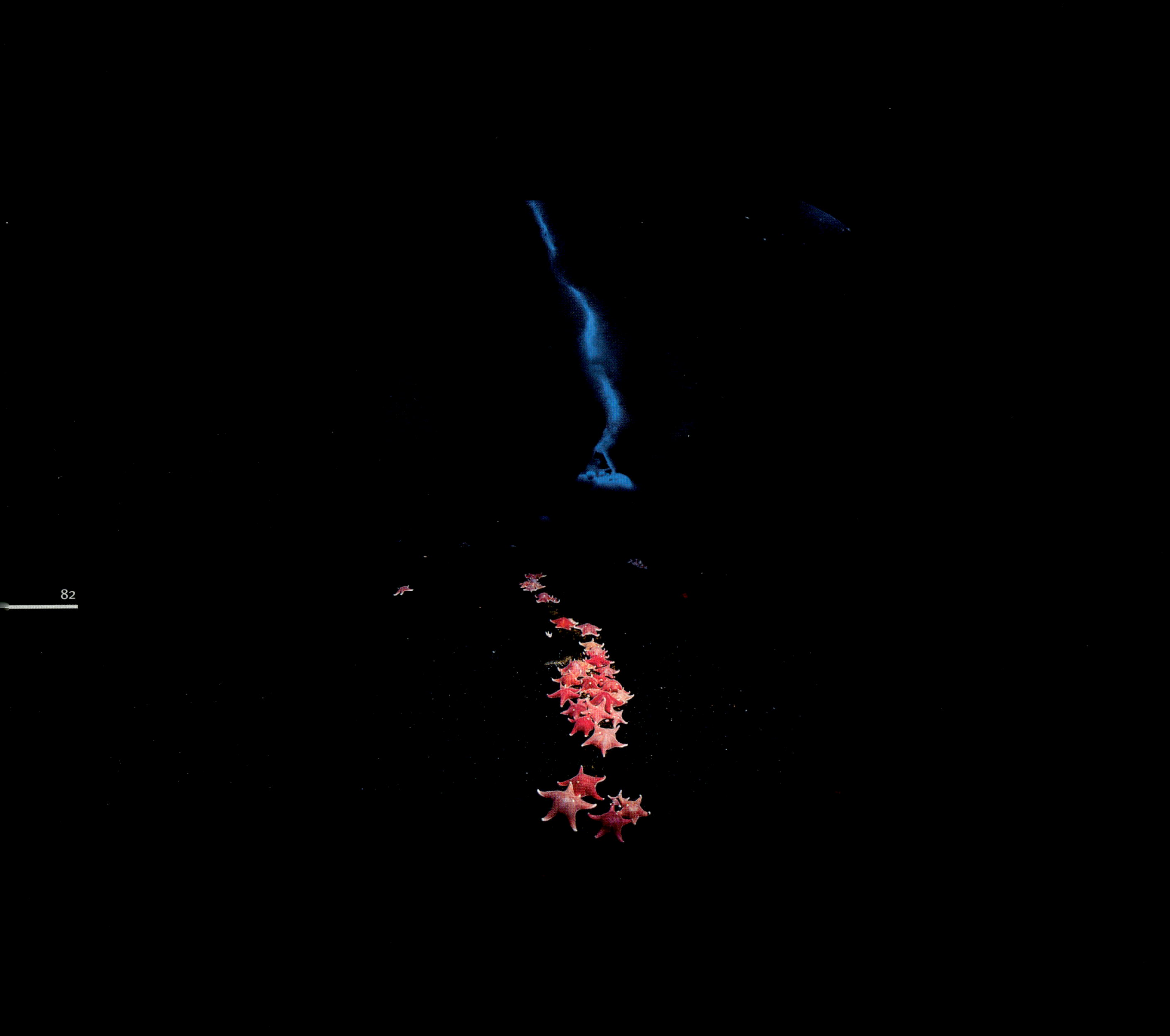

82

82 Eine kleine Schar roter Seesterne *(Odontaster validus)* bei Hutton Cliffs im McMurdo Sound.

83 Die Tiefseequalle *Periphylla periphylla* lebt im offenen Meer, wird von der Strömung aber häufig nahe ans Ufer getrieben.

84–85 Seesterne greifen im McMurdo Sound einen kleinen Schwamm an.

85 Seesterne und Seeigel kriechen am Boden entlang, der mit Vulkanasche bedeckt ist. Hutton Cliffs, Ross Island.

86–87 Die größte und seltenste Seespinnenart, *Dodecolopoda mawsoni,* lebt in den eisigen antarktischen Gewässern.

87 Seesterne kämpfen um Beute.

88–89 Kleine Krebstiere der Art *Euphausia superba*, auch Krill genannt, sind eines der wichtigsten Glieder in der Nahrungskette der Antarktis.

GALLERTARTIGE MITGLIEDER
DER ZOOPLANKTONGEMEINSCHAFT
LEBEN IN DEN MEERESSTRÖMEN
UNTER DEM EIS DER ANTARKTIS.

ICH NENNE SIE GERNE »MEINE DRIFTENDEN SCHÖNHEITEN«.

91 Unter dem Eis der Antarktis tanzt eine Seegurke durch das dunkle Wasser.

92–93 Eine Rippenqualle bewegt sich mit Hilfe ihrer Cilien durch das Meer

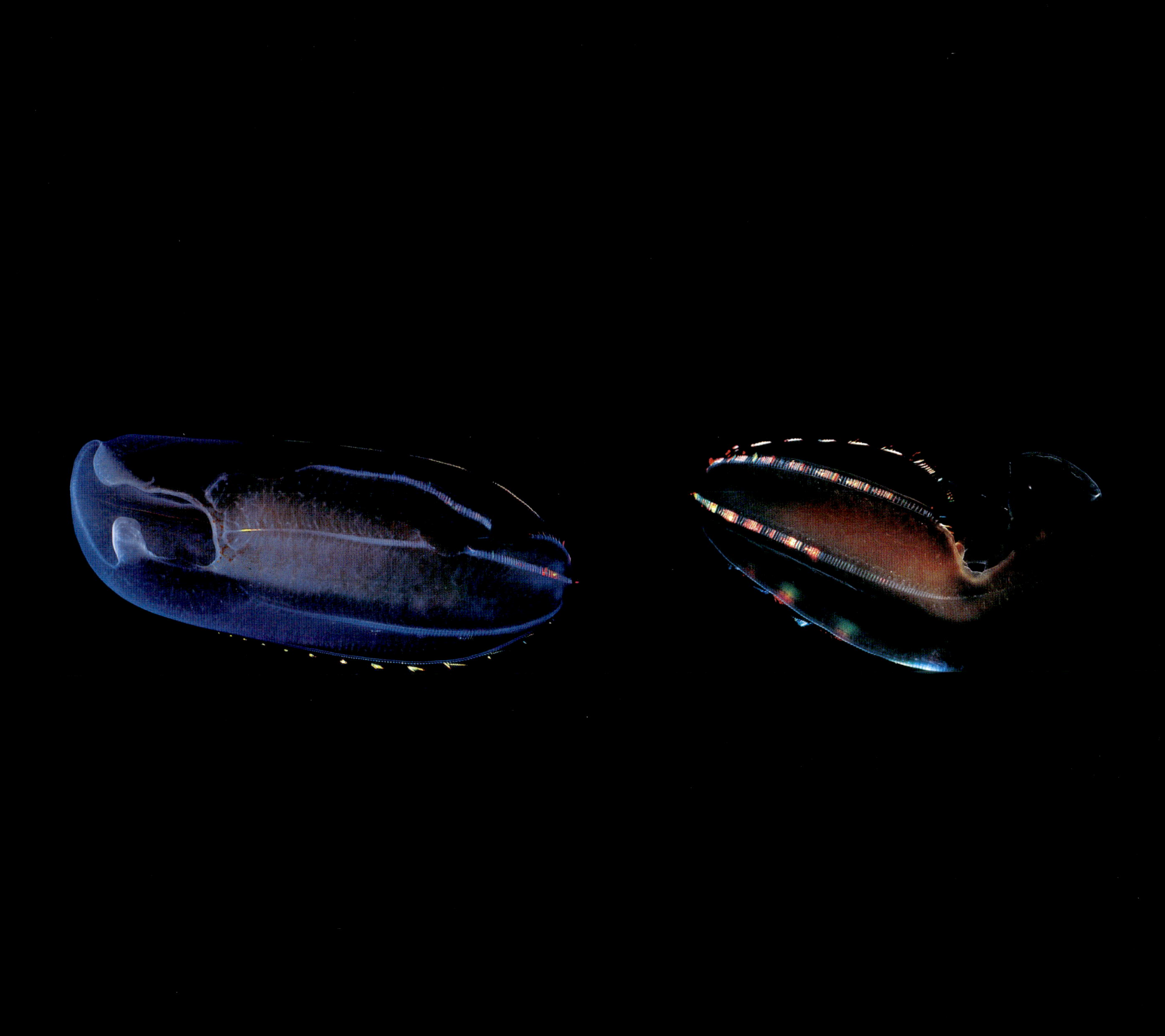

94–95 Eine Rippenqualle der Art *Leucothea sp.* unter dem Eis der Antarktis.

96 und 97 Plankton fressende Rippenquallen aus der Ordnung Beroida treiben durch den Südlichen Ozean.

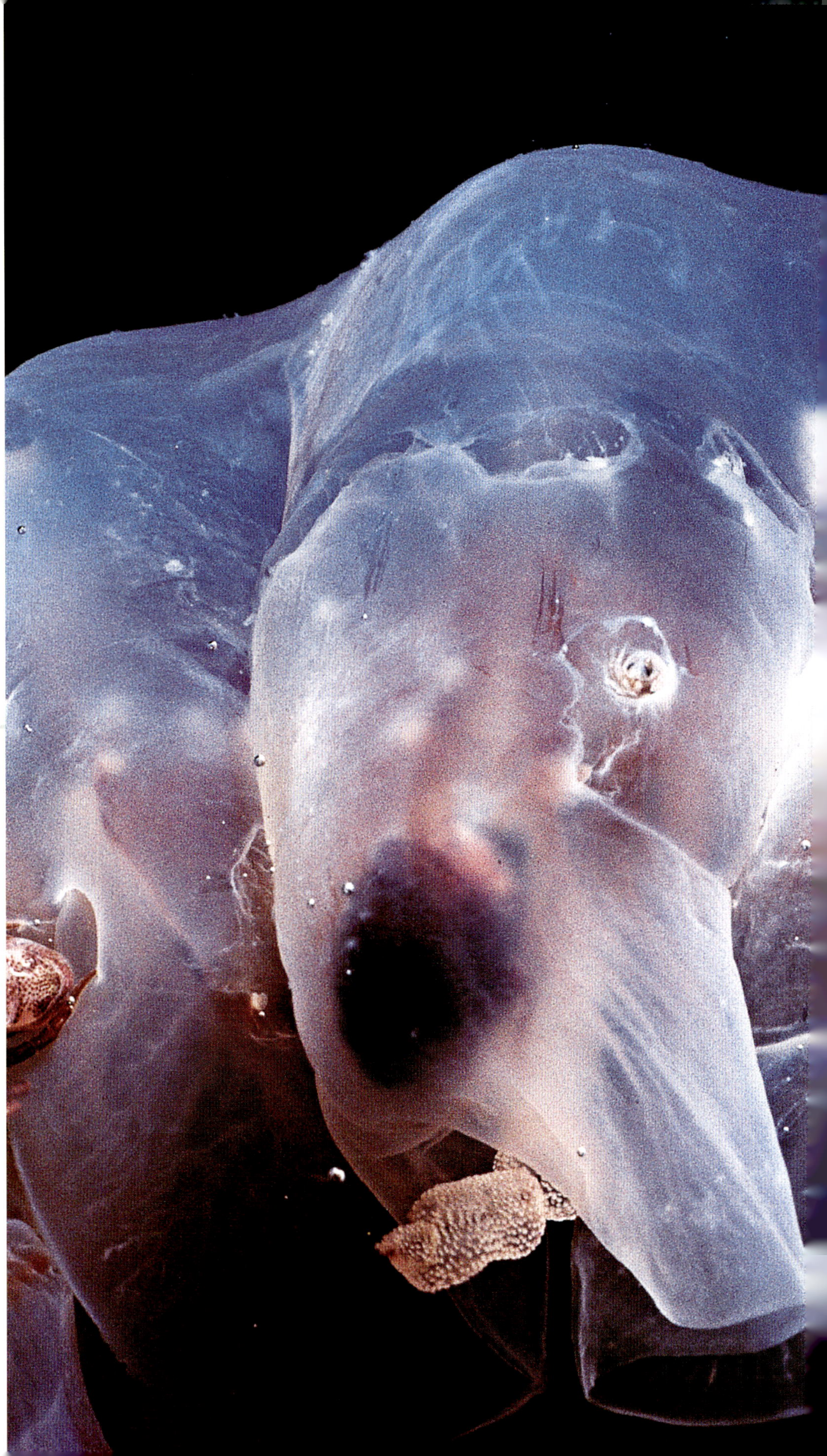

98–99 Kleine Amphipoden oder Flohkrebse reisen »per Anhalter« auf Quallen durch den McMurdo Sound.

100–101 Wie der elegante, weich fließende Faltenwurf an einem Gewand sieht der gallertige Körper der Antarktisqualle *Desmonema glaciale* aus.

102 und 103 Trachymedusen aus der Antarktis mit Tentakeln in verschiedenen Positionen. Im Zentrum der Glocke sieht man das rötliche Gewebe des Magens.

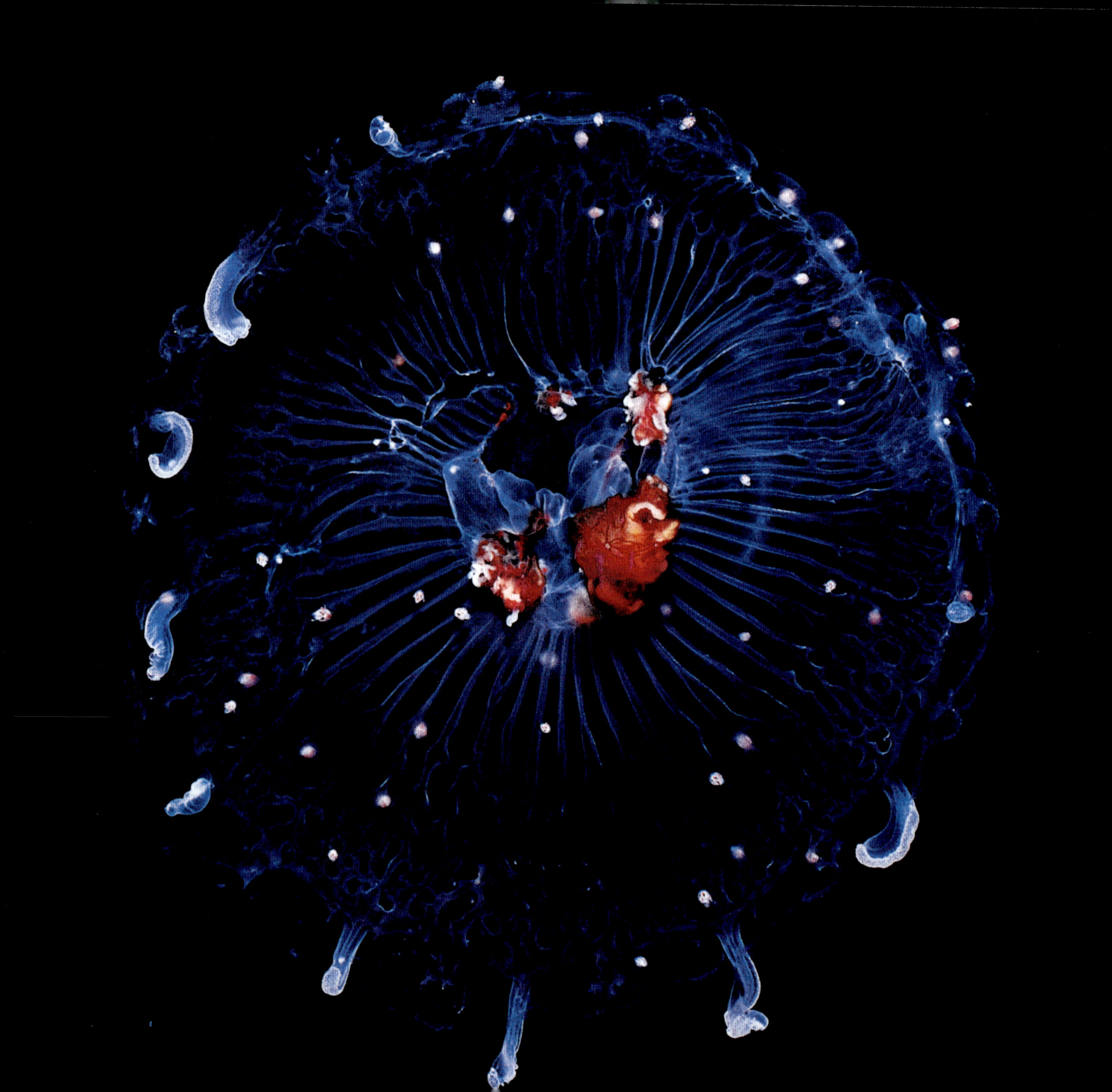

104 Eine unbekannte Quallenart, besetzt mit kleinen Amphipoden; McMurdo Sound.

105 Eine Trachymeduse aus der Antarktis. An den »Rippen« bricht sich das Licht meines Unterwasserstroboskops.

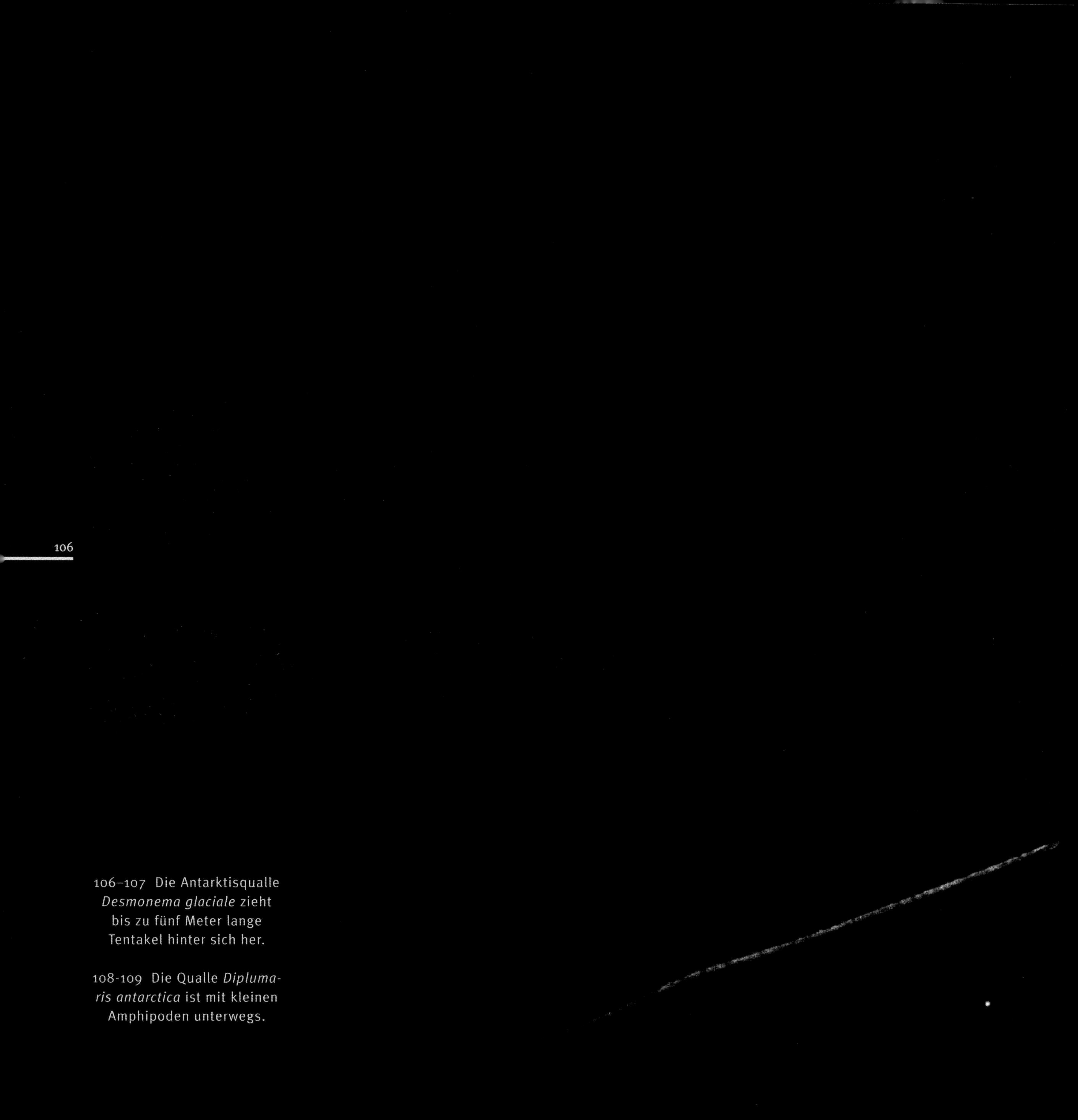

106–107 Die Antarktisqualle *Desmonema glaciale* zieht bis zu fünf Meter lange Tentakel hinter sich her.

108-109 Die Qualle *Diplumaris antarctica* ist mit kleinen Amphipoden unterwegs.

ARKTIS

GEFRORENES MEER

ARKTIS

GEFRORENES MEER

MEINE ERSTE REISE IN DIE ARKTIS FAND MITTEN IM WINTER STATT. VON DER LANDSCHAFT SAH ICH DAMALS NICHT VIEL, DENN DIE SONNE WAR SCHON IM NOVEMBER, ALSO WOCHEN VOR MEINER ANKUNFT, HINTER DEM HORIZONT VERSUNKEN, UND DIE GANZE ZEIT ÜBER HERRSCHTE FINSTERNIS. Ich war zur Resolute Bay in die kanadischen Northwest Territories gefahren. Taucher bauten dort direkt vor der Küste einen Unterwasseriglu zusammen und beschwerten diesen mit acht Tonnen Eisenbarren. Man hatte das Unternehmen groß als »erste bemannte Tauchbasis der Arktis« angekündigt, doch nachdem die Station fertig gestellt war, gab es nicht mehr viel zu tun. Im Innern war es feucht und klamm, und der obere Teil der Kugel war ständig beschlagen, so dass man kaum etwas sah. Der Iglu, der wie eine riesige Blase über dem Meeresgrund saß, fasste gerade einmal zwei nasse Taucher, die über eine Luke am Boden einsteigen konnten. Ich kletterte selbst einige Male in die Kugel aus Acryl und wusste nie so recht, ob ich lieber drinnen bleiben oder zurück ins eiskalte Meer wollte.

Das Beste an der gesamten Expedition war die Gelegenheit, mitten im Winter Wirbellose am Grund einer arktischen Bucht zu fotografieren. Außerdem bot sich hier die Möglichkeit, meinen neuen Taucheranzug auszuprobieren, den ich kurz zuvor gekauft hatte. Während meiner gesamten Zeit in der Navy hatte ich beim Tauchen in der Antarktis immer gewöhnliche Anzüge getragen. Die Kälte, die man dabei aushalten musste, übersteigt jede Vorstellungskraft. Nun war ich stolzer Besitzer eines Trockentaucheranzugs, den der schwedische Hersteller Poseidon Diving Systems entwickelt hatte. Er unterschied sich äußerlich kaum von meinen Vorgängermodellen, war jedoch am Nacken und an den Handgelenken fest versiegelt, so dass weder Wasser noch Luft eindringen konnte. Ein im Innern angebrachtes Ventil war über einen Schlauch mit dem Atemgerät verbunden. Dadurch konnte man Luft in den Anzug leiten und so die Schwimmfähigkeit kontrollieren und die Wärme regulieren. Außen gab es ebenfalls einen Schlauch, mit dem man beim Auftauchen Luft ablassen konnte. Durch diese neuartige Technologie veränderte sich das Tauchen im kalten Wasser für mich grundlegend. Ich war nun – bis auf die Hautpartie rund um die Maske und das Mundstück – vor dem eiskalten Wasser, das mich umgab, geschützt und konnte erstmals beinahe schon komfortabel arbeiten.

110 Auf einer Eisscholle im Sankt-Lorenz-Golf wartet ein Sattelrobbenjunges auf die Rückkehr der Mutter.

113 Aufrecht auf den Hinterbeinen stehend, überblickt ein Eisbärweibchen seine eisige Umgebung.

114 Der so genannte Sub-Igloo, eine Unterwasserbeobachtungsstation in der Resolute Bay, Northwestern Territories, Kanada.

115 links Mobiles beheiztes Tauchercamp auf dem Packeis der Resolute Bay, Northwestern Territories, Kanada.

115 rechts Der Taucher Joe MacInnis kurz vor einem Tauchgang in der Resolute Bay, Northwestern Territories, Kanada.

Im Unterschied zur Antarktis ist die Arktis kein Kontinent, und man kann nicht ohne weiteres sagen, wo sie beginnt und endet. Alle Regionen, die jenseits der nördlichen Baumgrenze liegen, werden gemeinhin der Arktis zugerechnet. Dasselbe gilt für alle nördlichen Regionen, in denen die Temperaturen im Sommer 10 °C nicht übersteigen. Mehr als die Hälfte der Arktis ist von Wasser bedeckt, genauer gesagt handelt es sich um das Nordpolarmeer mit Barentssee, Beaufortsee, Grönlandsee, Karasee, Laptewsee, Ostsibirischer See, Tschuktschensee sowie Europäischem Nordmeer. Der größte Teil Grönlands liegt nördlich des Polarkreises, ebenso wie die nördlichen Teile Schwedens, Russlands, Kanadas, der USA und Norwegens.

Der Name Arktis leitet sich vom griechischen Wort *arktos*, Bär, ab und bezieht sich auf das am Nordhimmel sichtbare Sternbild des Großen Bären. In der Arktis ist aber auch eine echte Bärenart heimisch, der Eisbär. Sein wissenschaftlicher Name, *Ursus maritimus*, bedeutet übersetzt »Meeresbär« und bezieht sich auf seine enge Verbindung zum Wasser. Die ausdauernden Schwimmer können sogar tauchen, um Beute zu fangen. Alle Bärenarten werden von den indigenen Kulturen verehrt, die ihren jeweiligen Lebensraum teilen, denn die starken, intelligenten Tiere flößen dem Menschen Ehrfurcht und Respekt ein. Eisbären bilden da keine Ausnahme. Wenn sich die bis zu 600 Kilogramm schweren Tiere auf ihre Hinterbeine erheben, sind sie bis zu 2,5 Meter groß. Die Inuit nennen den Eisbären »Nanuk« und beschreiben ihn in ihren Epen als rastlosen Wanderer. Kein Wunder: Forscher verfolgten einmal ein Eisbärweibchen, das im Frühjahr und Sommer über 1000 Kilometer weit durch das Gebiet der Barentssee wanderte und schwamm!

Eisbären jagen in erster Linie Ringelrobben, erlegen aber auch Walrosse. Gerade diese mächtigen Tiere haben mich stets fasziniert. Die Wissenschaft stellt sie in die Ordnung Pinnipedia, der auch die Ohren- und Hundsrobben angehören. Walrosse unterscheiden sich jedoch rein äußerlich deutlich von den übrigen Mitgliedern dieser Ordnung. Abgesehen von den Seeelefanten sind sie wesentlich größer und leben ausschließlich in arktischen Gewässern. Überdies gibt es nur eine Art, die sich in drei Unterarten aufspaltet: das Polarmeer-, das Laptewsee- und das Pazifische Walross. Letztere Unterart lebt vorwiegend in der Bering- und der Tschuktschensee, nördlich der Beringstraße.

Mein erstes Walross sah ich im Zoo und war, abgesehen von seiner Größe, vor allem von seinem Gesicht beeindruckt. Da sind zunächst einmal der buschige Schnurrbart und dann die mächtigen, nach unten ragenden Hauer, die sowohl Bullen wie Kühe kennzeichnen. Der wissenschaftliche Name der Tiere, *Odobenus rosmarus,* bedeutet wörtlich »auf den Zähnen laufendes Seepferd« und wurde von einem frühen Naturkundler eingeführt. Natürlich laufen Walrosse nicht auf den Zähnen, aber immerhin benutzen sie ihre Hauer, wenn sie ihren gewaltigen Körper aus dem Wasser hieven, um sich auf das Eis zu ziehen. Bei den Hauern handelt es sich um die oberen Eckzähne, die fortlaufend nachwachsen. Sie dienen als »Eispickel«, mit denen sich die Tiere auf dem Eis festhaken und an denen sie sich vorwärts ziehen. Mit ihnen hacken sie aber auch Atemlöcher ins Eis, die Weibchen verteidigen ihre Jungen, und die Männchen demonstrieren bei Kämpfen mit Rivalen ihre Dominanz und ihren Rang. Ebenso setzen sich die Tiere mit diesen gefährlichen Waffen zur Wehr, wenn sie sich bedroht fühlen.

Allerdings benutzen Walrosse ihre Hauer nicht dazu, um Venusmuscheln, ihre Hauptnahrungsquelle, aus dem weichen Meeresgrund zu buddeln. Hierfür verwenden sie vielmehr ihre breite Schnauze mit den Schnurrhaaren, hoch empfindlichen Tastorganen, die den Robben im Allgemeinen helfen, Fische aufzuspüren. Den Walrossen dienen sie in erster Linie zum Auffinden von Muscheln. Das große, skurrile Gesicht mit den riesigen Lippen ist im Grunde nichts weiter als eine Pumpe aus Fleisch, die Muscheln aus dem Schlamm zieht und die Weichtiere aus der Schale saugt. Walrosse verzehren aber noch andere am Grund lebende Arten wie Fische, Tintenfische und Würmer. Bei einigen Gelegenheiten hat man sie auch schon Robben fressen sehen, doch weiß man bis heute nicht, unter welchen Bedingungen sie dazu neigen, diese als Beute zu betrachten.

Das Verhalten der Tiere unter Wasser ist bislang noch wenig erforscht. Ich glaube, ich habe sie nicht wesentlich häufiger unter Wasser entdeckt als andere Forscher. Als sich mir vor rund 30 Jahren erstmals die Gelegenheit bot, sie zu fotografieren, wusste ich, dass Jacques Cousteau, mein Held aus Kindertagen, dies bereits vor mir versucht hatte. Ein Jahr zuvor war er mit seinem Team in die Tschuktschensee gereist, brachte aber kein einziges Unterwasserfoto eines Walrosses mit nach Hause; er begegnete noch nicht einmal einem der Tiere im Meer. Ich wusste nicht, mit welchen Methoden er gearbeitet hatte, doch wenn es ihm nicht gelungen war, ein Walross zu fotografieren, wie sollte ich dies dann bewerkstelligen? Diese Frage trieb mich um. Schließlich gelang es mir tatsächlich, doch die Bilder wurden nicht besonders gut. Ich schwamm stundenlang durchs offene Meer an ihren bevorzugten Aufenthaltsorten entlang und suchte nach ihnen, achtete aber gleichzeitig stets auf Eisbären, denn nach allem, was ich gehört hatte, stürzen sich Eisbären ohne zu zögern auf Menschen, wenn der Hunger sie packt.

Am 29. Juli 1977 fotografierte ich erstmals ein Walross unter Wasser. Dieser Tag gehört zu den schönsten, die ich jemals auf, am oder unter dem Eis verbracht habe. Als wir das Boot verließen, wehte kaum ein Lüftchen, und auf dem Eis herrschte völlige Windstille. Das Meer schimmerte wie ein Spiegel, das Wasser lag völlig ruhig da. Ich schwamm alleine etwa 25 Meter vom Schlauchboot entfernt, als ich in großer Entfernung ein Walrosspaar entdeckte, das sich in meine Richtung zu bewegen schien. Ich schwamm rasch in seine Richtung und tauchte, als die Tiere noch etwa zehn Meter von mir entfernt waren. Ich erinnere mich noch gut daran, wie die beiden Walrosse direkt auf mich zu kamen und erst im letzten Augenblick abdrehten. Beim Näherkommen wirkten sie neugierig, aber dann irritierte ich sie wohl, als ich meinen Sucher auf sie richtete. Auch mein Stroboskop erschreckte sie, denn sie zuckten zusammen, als der Blitz aufleuchtete. Ich weiß noch, dass ich nur zwei Aufnahmen machte, eine mit und eine ohne Blitz, und dass die Tiere ziemlich nahe waren, als sie rasch von rechts nach links vorbeizogen. Dann war alles vorüber. Ich war mir relativ sicher, dass ich eine oder zwei Aufnahmen im Kasten hatte. Tatsächlich gelang es mir an diesem schönen, windstillen Tag als erstem Menschen, Walrosse unter Wasser in ihrem natürlichen Lebensraum zu fotografieren. Von diesem unglaublichen Erlebnis musste ich mich erst einmal erholen. Überglücklich hockte ich im Boot und hoffte darauf, dass meine Kamera richtig eingestellt war. Und ich hatte Glück.

Bei einer anderen Begegnung mit Walrossen unter Wasser verringerte sich der Abstand zwischen uns auf ein fast schon gefährliches Maß. Ich war unter eine Eisscholle getaucht, auf der eine Gruppe Walrosse lag. An der Wasseroberfläche schreckte unser Boot die Tiere auf, und etwa die Hälfte von ihnen ließ sich ins Wasser gleiten. Ein großer Bulle schwamm genau auf die Stelle zu, an der ich mich in etwa zehn Meter Tiefe mit meiner Kamera postiert hatte. Ich weiß noch genau, wie ich den Auslöser meiner Nikon betätigte, bis ich beide Hände benötigte, um das Walross beiseite zu schieben. Die ganze Schar befand sich im Wasser, und schon musste ich eine weitere Walrossschnauze mit der Kamera wegschieben. Dann spürte ich einen leichten – weder schnellen noch kräftigen – Hieb mit den Hauern, der sich gegen mich und meine Kamera richtete. Ich fühlte, wie das Walross mich tiefer nach unten ins Wasser drückte, doch ich hielt mein Gesicht an den Sucher gepresst und fotografierte weiter. Vermutlich war ich den Tieren einfach im Weg – ich hinderte sie zwar nicht an der Flucht, aber ich befand mich dort, wo sie hin wollten. Das Walross jedenfalls schwamm einfach langsam weiter und schubste mich dabei immer tiefer. Das Ganze dauerte nur ein paar Sekunden – und dennoch kamen sie mir endlos lang vor.

Verglichen mit den übrigen Mitgliedern der Ordnung Pinnipedia haben Walrosse winzige Augen, und ich glaube nicht, dass diese mächtigen Tiere besonders gut sehen. Wenn man sich einem Trupp Walrosse auf einer Eisscholle zu nähern versucht, merkt man schnell, dass man sich bis auf wenige Schritte an sie heranwagen kann, solange man sich gegen den Wind hält. Erst wenn sie den Eindringling riechen, gleiten sie ins Wasser, wobei sie ihre Hauer bedrohlich schwenken und laut schnauben, um ihr Missbehagen zu demonstrieren.

Die Taktik, sich Walrossen gegen den Wind zu nähern, beherrschen ihre ärgsten Feinde, die Eisbären, hervorragend. Einmal hatte ich sogar das Glück, einen Eisbären zu beobachten, wie er eine ganze Gruppe von Walrossen angriff. Doch die Geschichte ging ganz anders aus, als ich es vermutet hatte.

Der Bär schwamm zunächst gut 300 Meter, bis er sich exakt in Gegenwindposition befand, und näherte sich dann aus dieser Richtung zwei Trupps von Walrossen, die auf zwei Eisschollen lagen. Von meinem Standort im Boot aus sah ich, wie er hinter der ersten Gruppe vorbeischwamm und sich zum Angriff auf die zweite Gruppe bereitmachte. Er wirkte ein wenig unschlüssig und attackierte die Tiere nicht so rasch, wie ich dies erwartete. Die Walrosse stoben auseinander – alle Kühe und Kälber glitten ins Wasser, die Bullen blieben auf der Scholle, drohten mit ihren Stoßzähnen und rutschten langsam rückwärts auf das Wasser zu, wobei sie laut und kehlig brüllten. Als sich die gesamte erste Gruppe im Wasser befand, hielt der Bär inne und schaute zu den Tieren hin. Halb kletterte er aufs Eis, halb wandte er sich der zweiten Gruppe zu, doch wiederum attackierte er nicht sofort. Der Eisbär lief auf die übrigen Männchen zu, dann stoppte er und blickte sich um. Die Walrosse schienen ihn einzuschüchtern, und besonders die großen, brüllenden Bullen mit den langen Hauern, die bis zuletzt auf der Scholle ausharrten, wirkten nicht übermäßig beeindruckt. Schließlich tapste der Bär zum Ende der Eisscholle und sah zu, wie die Walrosse sich im Rückwärtsgang entfernten, die Augen starr auf den Bären gerichtet.

Ich hatte natürlich gehofft, ein paar tolle Aufnahmen von einem Eisbären machen zu können, der ein Walross angreift und frisst, doch diese Bilder existierten eben nur in meiner Fantasie. Der Bär stürzte sich nicht auf die Walrosse. Ehrlich gesagt, ich glaube, kein vernünftiger Eisbär würde einen 1000 Kilogramm schweren, brüllenden, die Hauer schwenkenden Bullen frontal angreifen. Wie so oft in der Natur verfolgte das an die Bedingungen in der Arktis perfekt angepasste Raubtier eine andere und weitaus klügere Strategie. Er trieb die Tiere in der Hoffnung ins rettende Wasser, dass vielleicht ein krankes, verwirrtes oder verletztes Jungtier zurückbleiben würde. Dieses hätte er dann getötet und in aller Ruhe verzehrt. Der Plan des Bären ging nicht auf, doch ich bin mir sicher, dass die Methode oft genug funktioniert, wenn sich Walrosse und Eisbären begegnen.

Walrosse sind sehr gesellige Tiere und scheinen es zu genießen, wenn Artgenossen neben ihnen sind und Körperkontakt zu ihnen halten. Wenn sie zum Ausruhen aufs Eis klettern, bleiben sie nicht allein, sondern bilden große, dicht gedrängte Gruppen. Forscher bezeichnen dies als »positives thigmotaxi-

119 Walrosse und Walrossforscher auf der Flucht.

sches Verhalten«. Ich habe niemals eine andere Art der Ordnung Pinnipedia gesehen, die sich ähnlich stark durch diese Verhaltensweise auszeichnet wie Walrosse. Seeelefanten bilden ebenfalls Gruppen, doch rücken sie nicht so dicht zusammen wie Walrosse. Tausende von ihnen wirken, aus der Luft betrachtet, wie riesige braune Kleckse auf dem Eis. Ich war oft überrascht, wie viele von ihnen auf eine einzige Eisscholle passten. Häufig hatte man den Eindruck, ein einziges Tier mehr würde die Scholle zum Kentern bringen. Das Bedürfnis, Artgenossen zu berühren, ist bei ihnen eben sehr stark ausgeprägt. Wir Menschen dagegen verkennen oft die Bedeutung des Tast- und Berührungssinnes.

An meinen letzten Abend mit den Walrossen erinnere ich mich besonders gern. Es war in einer arktischen Sommernacht, in der die Sonne endlos braucht, um hinter dem Horizont zu versinken. Über eine Stunde lang leuchtete der Himmel orange. Aus der Entfernung drangen Walrosslaute an mein Ohr, ansonsten herrschte Stille. Plötzlich tauchte nur wenige Meter vor meinem Gummiboot ein Grauwal zwischen den Eisschollen auf. Er holte kurz dort Luft, wo er von unten das orangefarbene Licht des Himmels erblickt hatte, dann tauchte er mit einem lauten Zischen ab. Ich hörte, wie sein Rücken an der Unterseite des Eises entlangschabte. Schon war er verschwunden. Nur der warme Dampf seines Atems hing noch über mir in der Luft. Gleich darauf hörte man wieder das friedliche Grunzen der Walrosse, die ihre riesigen Körper hierhin und dorthin bewegten, um sich ein wenig mehr Raum zu verschaffen, und das Klicken der Hauer, wenn sie sich ein freundschaftliches Gefecht lieferten. Ich fühlte mich richtig wohl in meiner Haut und ich war mir fast sicher, dass ich bei dem Versuch, Walrosse unter Wasser zu fotografieren, erfolgreicher gewesen war als der Held meiner Kindertage.

120 Der Sommer beginnt und bricht das Eis der zugefrorenen Tschuktschensee.

121 Der Eisbrecher *Glacier* der US-Küstenwache kreuzt durch das sommerliche Treibeis der Tschuktschensee.

COAST GUARD
4

122–123 und 123 Eismuster und treibender Eisberg in der Tschuktschensee.

124–125 Vom Flugzeug aus kann man im Sommer auf der tauenden Tschuktschensee wunderschöne Eisformationen entdecken.

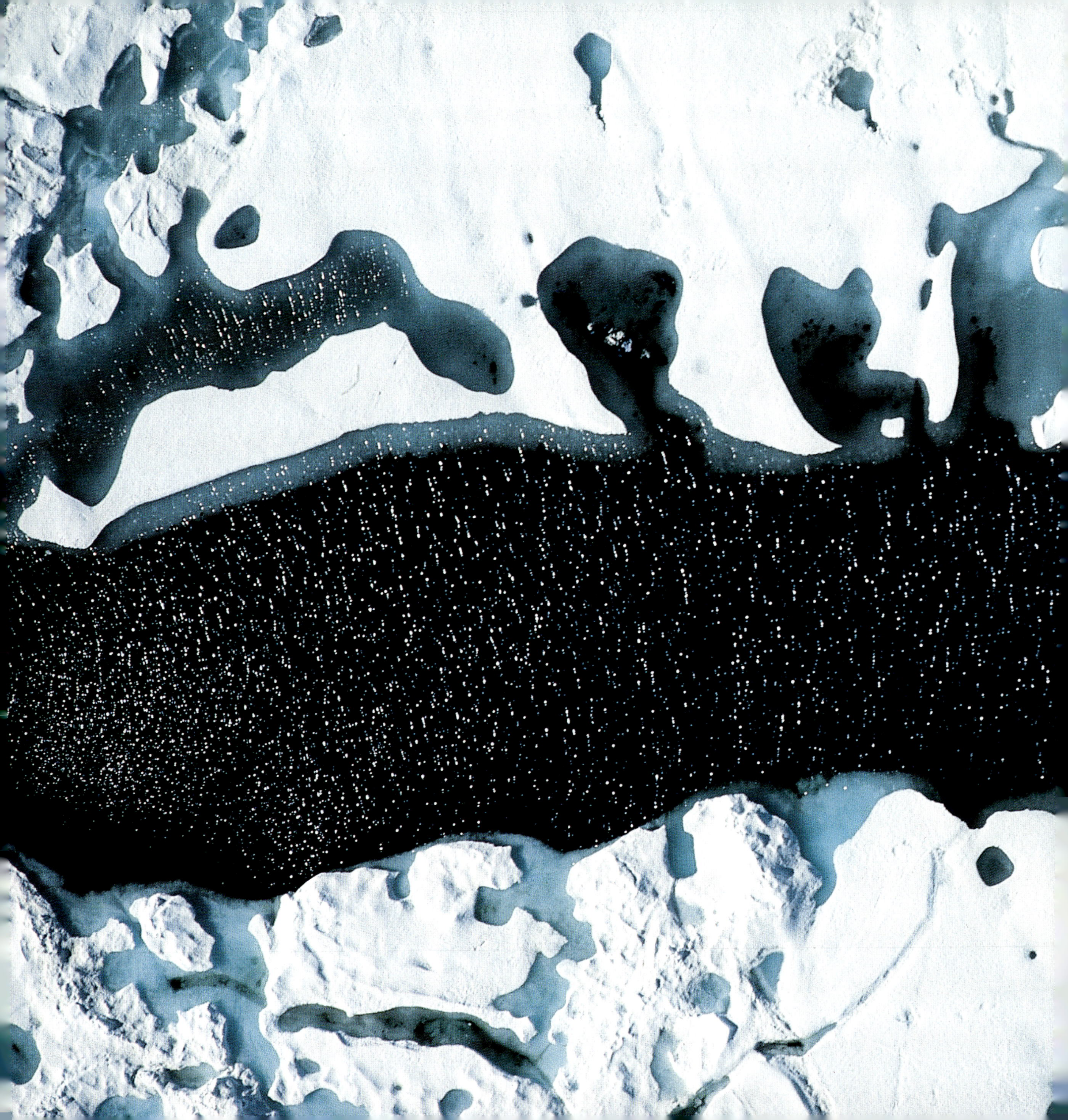

126 Ein Eisbär nähert sich Walrossen, die auf einer Eisscholle ruhen.
Der Bär hofft wohl, ein ungeschicktes oder verwirrtes Jungtier zu erbeuten.

127 Ausgewachsener Eisbär mit Überresten eines von ihm getöteten Walrosskalbes.

128 Ein ruhendes Walross schützt die Augen mit seiner Flosse vor der Sonne.

129 Walrosse ruhen sich immer in Gruppen auf dem Eis aus und drängen sich dann dicht aneinander.

130–131 Pfundskerle: Ein ausgewachsenes Walross richtet sich auf, während die anderen schlafen.

132 Eine Walrossmutter hat mich entdeckt und bringt ihr Junges in Sicherheit.

133 Eine Walrossmutter und ihr Junges (dahinter) schauen mich an.

134–135 Auf dieser ersten Unterwasseraufnahme von frei lebenden Walrossen schwimmen die Tiere gemächlich durch die Tschuktschensee.

136–137 und 137 Diese Rippenqualle gehört zur Ordnung Cydippida. Mit ihren Tentakeln fangen die Tiere andere Zooplanktonarten, zum Beispiel kleine Krustentiere.

138 Gelbe Haarqualle *(Cyanea capillata)*,
Resolute Bay, NWT, Kanada.

Damals existierten nur einige wenige Aufnahmen von Sattelrobben, und niemand hatte sie je unter Wasser fotografiert. Ich suchte Bob Gilka, den Leiter der Bildredaktion bei *National Geographic*, auf und versuchte ihn für eine Reportage über Sattelrobben zu gewinnen. Den Text sollte der Meeresbiologe David Lavigne von der University of Guelph in Ontario, Kanada, schreiben. Gilka legte im Budget die Kosten für einen Hubschrauber auf 25 Stunden fest und machte mir deutlich, dass ich mich daran unbedingt zu halten hatte. Hubschrauber sind sehr teuer, und die Flugstunden akkumulieren rasch, wenn man nach Tieren in freier Wildbahn sucht. Ich fand eine Assistentin, die Erfahrungen mit Tauchgängen im eiskalten Wasser hatte, Bora Merdsoy von der Dalhousie University in Nova Scotia. Im März 1975 brachen wir zu den Magdalenen-Inseln mitten im zugefrorenen Sankt-Lorenz-Golf auf. Die Aufnahmen von Sattelrobben in diesem Band stammen alle von dieser Reise und bestückten schließlich sechs Titelstorys von *National Geographic*.

Sattelrobben leben im Nordatlantik, genauer gesagt im Nordpolarmeer nördlich von Russland bis Neufundland sowie im Sankt-Lorenz-Golf. Für mehrere Robbenarten, Sattelrobben eingeschlossen, ist Eis das natürliche Lebensumfeld – eine Heimat, die wir Menschen als rau, kalt und lebensfeindlich empfinden. Die Tiere entfernen sich niemals weit vom Packeis, und ihre Wanderrouten hängen von seiner Bildung ab. Wenn das Nordpolarmeer im Herbst zuzufrieren beginnt, machen sich die Sattelrobben auf die Reise nach Süden, wobei sie sich stets am Rand des Meereises aufhalten. Mitte bis Ende Oktober erreichen sie schließlich den Norden von Labrador und Mitte Dezember die Belle-Isle-Straße. Eine Gruppe zieht von dort aus in den Sankt-Lorenz-Golf, die andere schwimmt zur Ostküste Neufundlands. Viele Sattelrobben bringen ihre Jungen auf dem Packeis rund um die Magdalenen-Inseln zur Welt.

Es gehört zu den faszinierendsten Geheimnissen der Biologie, wie die Weibchen mancher Meeressäugerarten es schaffen, die Geburt ihrer Jungen hinauszuzögern. Einige Landsäuger beherrschen diese Technik ebenfalls, doch die Robben, die ihren Nachwuchs auf dem Eis zur Welt bringen, haben sie perfektioniert. Ein Sattelrobbenweibchen kann die Entwicklung des Embryos im Uterus bis zu zweieinhalb Monate zurückhalten, so lange, bis günstige Bedingungen herrschen und sich eine geschlossene Eisdecke gebildet hat. Der Embryo hört dazu einfach auf zu wachsen. Er bleibt in einer Art Schwebezustand und wartet ab, um sich auf ein bislang unbekanntes Signal hin schließlich weiterzuentwickeln. Zum Geburtstermin verlässt das Neugeborene den warmen Mutterleib und kommt inmitten von Eis und kaltem Wasser auf die Welt, seinem neuen und endgültigen Zuhause.

143 Neugierig schwimmt eine Sattelrobbe *(Pagophilus groenlandicus)* auf den Fotografen zu.

144 In der Nähe ihres Atemlochs ruhen Sattelrobben auf dem Eis.

145 Das schlafende Sattelrobbenjunge erwartet die Rückkehr seiner Mutter.

Die Welt der Robben

Von unten betrachtet

146–147 Eine Sattelrobbe taucht durch wolkenartige Eisformationen im Sankt-Lorenz-Golf.

148–149 Wind, Strömung und Gezeiten schaffen unter der Wasseroberfläche komplexe Eisformationen. Hier gleitet eine Sattelrobbe durch das Eis im Sankt-Lorenz-Golf.

150 und 150–151 Mit großer Neugierde beäugen Sattelrobben in der Regel die seltsamen Zweibeiner, die in ihre eisig kalte Welt eindringen.

154 Eine Sattelrobbe taucht von ihrem Atemloch aus an einer senkrechten Eiswand hinunter.

155 Zwei Robben (oben das Männchen) beim Paarungsspiel unter dem bizarr geformten Eis im Sankt-Lorenz-Golf.

156–157 Eine neugierige Sattelrobbe schwimmt am Fotografen vorbei. Mit ihren großen Augen sieht sie auch im dunklen Wasser gut.

HAIE

KURZE BEGEGNUNGEN

HAIE

KURZE BEGEGNUNGEN

SOLLTE ICH FÜR UNSERE TAUCHGÄNGE AM BIKINI-ATOLL EIN SCHLAGWORT NENNEN, WÜRDE MIR SOFORT DER GRAUE RIFFHAI EINFALLEN.

Die Tiere der Art *Carcharhinus amblyrhynchos* gehören zur Familie Carcharhinidae oder Blauhaie, die einige der gefährlichsten Haiarten umfasst. Zu diesen zählen etwa Tiger-, Galapagos- und Seidenhaie sowie Weißspitzen-Hochseehaie, um nur einige zu nennen. Am Bikini-Atoll waren Graue Riffhaie allgegenwärtig. Viele unserer Tauchgänge fanden an abgelegenen Riffhängen statt. Einige davon waren riesig, andere eher klein, doch überall gab es Graue Riffhaie. Meist umkreisten uns die Raubfische bereits, noch bevor der letzte Taucher den Grund erreicht hatte. Manchmal schien ihre Neugierde rasch befriedigt, und sie zogen gleich wieder ab. Bei anderen Gelegenheiten mussten wir zusehen, dass wir selbst schleunigst aus dem Wasser kamen.

Einmal schafften wir es an einem Außenhang des Riffs nicht einmal bis zum Grund. Ich hatte mich gerade ins Wasser gleiten lassen, als ich bemerkte, wie Eric, mein Assistent, aufgeregt auf etwas blickte, das sich hinter mir befand. Ich drehte mich um und hatte plötzlich den Eindruck, mich in Steven Spielbergs weltberühmtem Gruselschocker zu befinden. Alle Grauen Riffhaie des Atolls schienen gleichzeitig auf uns zuzukommen und starrten uns lüstern an. Man kann sich vorstellen, wie schnell wir versuchten, in unser rettendes Boot zurückzukehren. Es waren so viele Haie, dass man sie kaum zählen konnte. Mindestens 20 Tiere umkreisten uns, weitere kamen auf uns zu, und nirgendwo gab es Ritzen oder Spalten, in denen wir uns hätten verstecken können. Wenn Graue Riffhaie Sie umkreisen, sollten Sie versuchen, sie im Auge zu behalten. Immerhin weiß ich, wovon ich rede. 30 Jahre zuvor hatte mich ein Grauer Riffhai angegriffen. Die meisten Haie attackieren, wenn sie Hunger haben, wobei manche Forscher glauben, dass Graue Riffhaie sich aggressiv verhalten, wenn man in ihr Territorium eindringt. Das Problem besteht darin, dass man nicht weiß, wo ihr Revier beginnt und endet.

Es war etwa drei Uhr nachmittags. Wir hatten unser Boot vor der Westküste der Caroline Islands festgemacht. Ich schwitzte und wollte ein kühlendes Bad nehmen. Ausnahmsweise zog ich meine

158 Tigerhai mit totem Albatrosjungen im Maul, French Frigate Shoals.

161 Ein Weißer Hai schwimmt durch einen Fischschwarm, Australien.

großen Taucherflossen an und nicht die kleinen, die ich sonst zum Schnorcheln benutzte. Diese Entscheidung rettete vermutlich mein Leben. Ich schnorchelte alleine und entfernte mich dabei etwa 100 Meter vom Boot. Gerade kehrte ich vom Boden zurück und bewegte mich nach oben, um Luft zu holen, als ich den Hai entdeckte. Er schwamm vom Grund aus auf mich zu. Ich sah ihn nur schemenhaft, wusste aber sofort, dass es ein Hai war. Von dem Augenblick, als ich ihn sah, bis zu seinem Angriff verging kaum eine Sekunde. Er ging auf meinen Kopf los. Ich konnte gerade noch meine linke Hand vors Gesicht halten und meinen Kopf abwenden. Er biss in meine linke Hand und riss mir die Maske vom Gesicht.

Ohne sie konnte ich unter Wasser nichts sehen. Die Bisswunde schmerzte nicht, aber umso stärker spürte ich die Wucht des Stoßes. Er war so kräftig gewesen, als hätte mich ein Torpedo gerammt. Ich brauchte einige Sekunden, bis ich mich davon erholt hatte. Dann schwamm ich an der Oberfläche rückwärts zum Boot zurück. Ich bewegte mich sehr hastig und paddelte wie wild mit meinen großen Flossen. Jedes Mal, wenn ich meine linke Hand ins Wasser tauchte, verteilte sich Blut in einer dicken Wolke im Wasser. Und gleich darauf sah ich, wie die Rückenflosse des Hais sich auf mich zubewegte.

Dann verschwand er. Ohne meine Maske war es sinnlos, unter Wasser nach dem Hai zu schauen. Ich schwamm einfach weiter, so schnell ich konnte. Wenige Sekunden später ein neuer Schlag, diesmal an meiner Schulter. Der Hai hatte mich überholt und gewendet. Er war mit offenem Maul auf mich zugeschwommen und hatte meine Schulter erwischt. In diesem Augenblick begann ich mich zu fragen, ob ich die Sache durchstehen würde. Ich dachte an alles Mögliche. Vor meinem geistigen Auge lief der Kurzfilm meines Lebens ab. Ich sah Brownie, den Hund, den ich als Kind gehabt hatte. Ich dachte an meine Mutter, meine Freundin Jane, Bob Gilka, meinen Chef bei *National Geographic*. Ich fühlte mich mies, weil ich es nicht schaffen würde, meinen Auftrag zu Ende zu führen.

Während ich auf das Boot zuschwamm, hatte ich das Wort »Hai« geschrien, so laut ich konnte. Bill Oteay, ein Besatzungsmitglied, hörte und sah mich und begriff, dass ich in Schwierigkeiten war. Er sprang in ein kleines Schlauchboot und ruderte mir entgegen. Ich sah das Boot und flog hinein. Ich glaube, dass ich tatsächlich flog. Ich warf mich einfach in einer einzigen Bewegung über den Rand in das Boot. Dann war es vorbei.

Ein wenig plastische Chirurgie und einige Monate der Rehabilitation waren nötig, bis ich mit meiner Hand wieder eine Unterwasserkamera greifen konnte. Meine rechte Schulter und meine linke Hand haben Narben davongetragen, die mich an jenen Tag erinnern. Dennoch habe ich großes Glück gehabt und bin bis heute froh, dass Graue Riffhaie nicht so groß wie etwa Tigerhaie werden, denn dann wäre ich heute nicht hier.

All meine Aufnahmen von Grauen Riffhaien entstanden nach diesem Zwischenfall. Ich glaube, dass ich aufgrund dieser Erfahrung vorsichtiger im Umgang mit Haien bin als viele andere. Einmal verlor ich aber tatsächlich die Nerven, als ich vor der

163 Ein Grauer Riffhai wie dieser griff mich einst an, während ich vor dem Bikini-Atoll schnorchelte.

argentinischen Küste einer Gruppe von Schwarzdelfinen folgte. Ich schaute durch das Weitwinkelobjektiv meiner Unterwasserkamera. Plötzlich hatte ich den Eindruck, das Tier, das dort vor mir Sardinen verschlang, sei kein Delfin, sondern ein Hai. Ich verließ sofort das Wasser. Hinterher wünschte ich, ich wäre geblieben. Seit Wochen arbeitete ich mit Delfinen und hatte in dieser Zeit keinen einzigen Hai gesehen. Doch als mein Gehirn einen Delfin in einen Hai verwandelte, verlor ich einen Moment lang den Sinn für die Realität. Übrigens warte ich bis heute auf die Goldmedaille für meinen Weltrekord im Rückenschwimmen, den ich aufstellte, als ich durch die Lagune vor den Caroline Islands zum Boot schwamm.

Am Bikini- und am Rongelap-Atoll habe ich Hunderte von Stunden unter Wasser mit Haien verbracht. Dass Raubfische wie der Graue Riffhai dort so häufig vorkamen, schien mir immer ein Indikator für den intakten Zustand des Ökosystems zu sein. Die Unterwasserwelt hat sich von dem nuklearen Alptraum, der die Region heimsuchte, offensichtlich erholt. Wer in dieser Region taucht, muss lediglich die Haie im Auge behalten.

Nervenkitzel unter Wasser

Graue Riffhaie auf Beutezug

164–165 Eine am Bootsheck angebrachte Kamera macht Bilder von Grauen Riffhaien, die dem Boot folgen. Diese Haiart frisst zwar keine Menschen, ist aber aufgrund ihres aggressiven Verhaltens sehr gefährlich.

166–167 Viele Schiffbrüchige und Piloten abgestürzter Militärflugzeuge trieben während des Zweiten Weltkrieges hilflos im Meer und fielen Haien zum Opfer.

168–169 Die langsame Verschlusszeit vermittelt einen Eindruck von der Geschwindigkeit dieses Grauen Riffhais, der vor dem Bikini-Atoll meine Kamera kreuzte.

170–171 Ein Blauhai im Golf von Maine. Diese Art legt weite Strecken zurück und schwimmt mit dem Golfstrom durch den Atlantik bis an die Küsten Europas und Afrikas.

174–175 Graue Riffhaie nehmen jedes ungewöhnliche Geräusch und die kleinste Bewegung von Fischen sofort wahr.

176–177 Ein Tigerhai vor den Bahamas.

178–179 Der Weiße Hai, hier
eine Aufnahme vor der Küste Australiens,
gilt als gefräßigster Raubfisch.

UNERBITTLICHE SEE

TIGERHAIE UND ALBATROSSE

Seeschwalben kreisten über dem blaugrünen Wasser. Ich hatte mein Boot vor der Küste von East Island festgemacht und suchte das Ufer nach jungen Albatrossen ab.

An den French Frigate Shoals, einem abgelegenen Sandstreifen der nordwestlichen Inseln Hawaiis, nisten zwei Albatrosarten, der Laysan-Albatros *(Diomedea immutabilis)* und der Schwarzfußalbatros *(Diomedea nigripes)*. Ich war eigentlich nicht wegen der Vögel hierher gekommen, sondern weil ich Haie aufnehmen wollte. Albatrosse, die größten Seevögel, verbringen den größten Teil ihres Lebens auf dem Wasser und finden sich nur zum Nisten auf einsamen Inseln rund um den Erdball ein. Im Juni und Juli schwimmen Tigerhaie bei den French Frigate Shoals dicht ans Ufer, um Beute zu machen, wenn die jungen Albatrosse mit etwa acht Wochen ihre ersten Flugversuche unternehmen.

Der Morgen dämmerte, und mit der Sonne begannen warme Luftströme aufzusteigen. Die Albatrosse waren endlich flügge und reckten ihre Flügel gen Himmel. Sie hüpften auf der Kuppe über dem Strand hin und her und übten das Fliegen. Als der Wind zunahm, spürte man deutlich die Aufregung der 30 bis 40 Jungvögel. Heute würden sie zum ersten Mal in die blaue Unendlichkeit und über den östlichen Horizont hinaus fliegen. Die dreieckigen Rückenflossen, die im Meer nur wenige Meter vom Ufer entfernt langsam vor dem Strand kreuzten, schienen sie nicht zu bemerken.

Für viele der Jungvögel endete der erste Start ins Blaue 100 Meter vor der Küste im warmen, seichten Wasser. Direkt unter der Oberfläche warteten dort aber bereits riesige, schnell schwimmende Raubfische auf all jene, die beim ersten Probeflug die Technik noch nicht perfekt beherrschten.

Tigerhaie gehören zu den gefährlichsten Haiarten der Erde; sie fressen alles, was ihnen in die Quere kommt – tot oder lebendig, Tier oder Mensch. Erstaunlicherweise konzentrierten sie sich hier ganz auf die Albatrosjungen und ließen andere beliebte Beutetiere wie Suppenschildkröten und Mönchsrobben in Frieden, obwohl diese sich ganz in der Nähe aufhielten. An diesem Junimorgen konnte man typische Verhaltensweisen von Albatrossen und Tigerhaien gut beobachten. Zwischen 6.45 und 9.45 Uhr schwangen sich 39 Albatrosse zum ersten Mal in die Luft. Innerhalb der ersten Stunde wurden fünf der 16 Vögel von Haien angegriffen und getötet. In der zweiten Stunde stiegen 18 Vögel auf, zehn wurden attackiert, doch nur zwei getötet und gefressen. In der dritten Stunde verließen nur noch fünf Jungvögel East Island. Alle flogen über die umherstreifenden Raubfische hinweg und über den Horizont hinaus. Die Haie hatten an diesem Morgen 16 Jungvögel angegriffen, sieben waren dabei gestorben, neun entkommen. Insgesamt überlebten 32 und flogen davon. Die Vögel, die abhoben und ins seichte Wasser plumpsten, blieben auf der Oberfläche

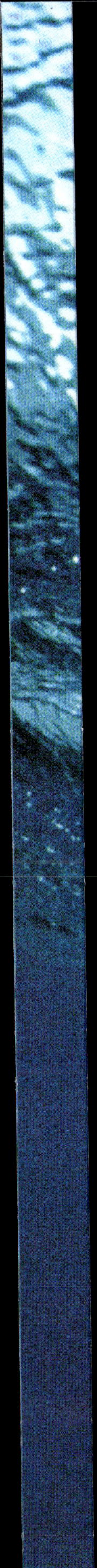

181 links Haie und Albatrosse an den French Frigate Shoals, Hawaii.

181 rechts Der Augenblick der Wahrheit – erster und letzter Flug eines Albatrosses.

sitzen, ohne die Gefahr unter sich zu realisieren. Einige landeten an einer ungünstigen Stelle und verschwanden sofort im Maul eines Hais. Doch nicht immer ging die Sache für die Haie so günstig aus. Ein Hai verfehlte einen Albatros um etwa einen Meter. In diesem Augenblick flatterten mehrere Albatrosse davon und brachten sich in Sicherheit, während der Hai unter Wasser wendete und die Suche erneut aufnahm. Ein besonders großes Exemplar mit einem Knubbel auf der Rückenflosse rammte dabei mehrfach unser Boot oder griff den Außenbordmotor an. Eigentlich hatte ich tauchen und die Haie unter Wasser fotografieren wollen. Doch das Verhalten dieses Hais führte dazu, dass ich alle Unterwasseraufnahmen mit einem ferngesteuerten Kamerasystem machte, das ich an einer Stange befestigt hatte.

Die Unterwasseraufnahmen eines Albatrosjungen im Maul eines Tigerhais wurden übrigens mit Hilfe eines toten Vogels ausgeführt, der vor der Insel im Wasser trieb. Den Angriff eines Hais auf einen lebenden Albatros zu fotografieren, ließ sich technisch unmöglich bewerkstelligen. Viele Vögel blieben auch dann noch auf dem Wasser sitzen, wenn sie gerade einem Angriff entkommen waren. Sie schlugen mit den Flügeln und schauten hinunter ins blaue Wasser, als wollten sie herausfinden, was sich dort gerade zusammenbraute. Sie wirkten verwirrt, nahmen aber nicht wahr, in welcher Gefahr sie schwebten. Einige blickten die Haie direkt an. Wenn sie das geöffnete Maul mit den Reihen dreieckiger Zähne sahen, machten sie Pickbewegungen in seine Richtung. Eine Sekunde später landeten sie im Maul des fünf Meter langen Riesen und wurden in die Tiefe gezogen. Auf dem Wasser blieben nur ein paar Federn und Fleischbrocken zurück, die hungrige Seeschwalben im Flug erhaschten.

Ein Raubfisch der Sonderklasse

Erfolgreich bei der Jagd

186–187 Die Tigerhaie töten weniger als die Hälfte der Albatrosjungen, die sie angreifen. Den meisten gelingt die Flucht. Dieser Jungvogel hat die Gefahr gespürt und sich in letzter Sekunde in Sicherheit gebracht.

190 und 191 Mit einem mächtigen Satz stürzt sich der Hai auf den Albatros und verschlingt ihn mit einem Bissen. Nur ein paar Federn sinken auf den Grund.

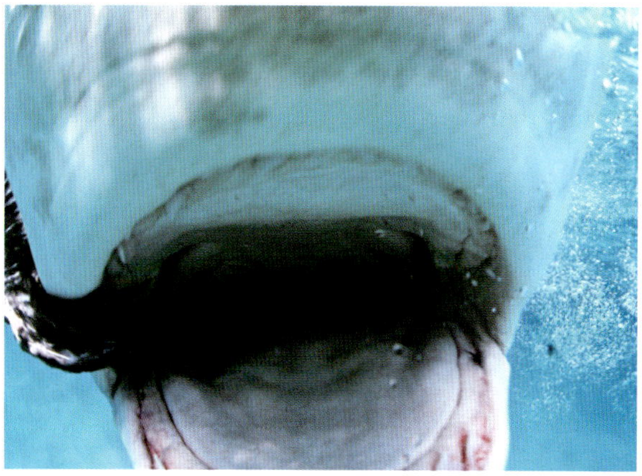

192–193 und 193 Ein Tigerhai mit einem toten Albatros im Maul, den er im Ganzen verschlingen wird.

194 und 194–195 Aufnahme von der anderen Seite:
der Hai beim Verschlingen des Vogels.

MEERES-
SÄUGER

INTELLIGENZ
IM OZEAN

MEERESSÄUGER

INTELLIGENZ IM OZEAN

ENDE DER 1960ER JAHRE BEGANN ICH, MEERESSÄUGER ZU FOTOGRAFIEREN – WALE, ROBBEN UND DELFINE. EINER MEINER ERSTEN ERFOLGE WAR ES, AUFNAHMEN VON ROBBEN IN DER ANTARKTIS ZU MACHEN. FORTAN KONZENTRIERTE ICH MICH AUF WALE, DELFINE UND ROBBEN IN ALLER WELT.

Nach gut einem Jahrzehnt wurden meine Arbeiten erstmals in einem Buch gezeigt, das David Brower von Friends of the Earth 1979 mit Texten seines Sohnes Ken Brower unter dem Titel *Wake of the Whale* veröffentlichte. Viele Aufnahmen aus jener Zeit stellen Tiere dar, die zuvor noch niemand unter Wasser fotografiert hatte. Seitdem sind viele Fotografen in meinem Kielwasser geschwommen, weshalb ich glaube, dass von meinem Werk ein wichtiger Impuls ausging.

Die Arbeit mit Tieren kostet sehr viel Zeit. Ich habe den Anspruch, mich voll und ganz in das Reich einer Art hineinzuversetzen, die ich aufnehmen will, damit ich aus den Begegnungen neue Erkenntnisse und Bilder gewinne, die es so zuvor noch nicht gegeben hat. Zumindest in der Theorie verwandele ich mich in das Tier, mit dem ich arbeite. Ich nähere mich ihm mit aller gebotenen Vorsicht und hoffe, dass es meine Anwesenheit vergisst oder zumindest ignoriert und sich seinen Artgenossen oder anderen Tieren gegenüber ganz natürlich verhält. Manchmal funktioniert das wunderbar.

Die Luftkammer eines Schlauchboots bildet einen einzigartigen Resonanzkörper, der die an der Wasseroberfläche ansonsten nicht wahrnehmbaren Töne verstärkt. Auf diese Weise hört man sogar Laute von Meeressäugern. Viele Male konnte ich Echos aus der Tiefe durch die Gummihaut des Schlauchboots wahrnehmen, in dem ich saß. Insgesamt habe ich Tage, Wochen, Monate, wenn nicht gar Jahre im Rahmen meiner Arbeit in kleinen Schlauchbooten gesessen, nach Meeressäugern Ausschau gehalten und andächtig ihren Lautäußerungen gelauscht.

An der patagonischen Küste im Süden Argentiniens grenzt eine trockene Wüstensteppe direkt ans Meer. Wenn man lange genug am Ufer ausharrt und genau hinschaut, kann man viele endemische, nur hier vorkommende, Arten entdecken. Wartet man mit ähnlich großer Geduld vor der Küste, zeigt sich im klaren grünen Wasser des Golfo Nuevo mit etwas Glück ein Südkaper *(Eubalaena australis)*.

196 Buckelwalkuh und ihr Kalb in männlicher Begleitung direkt vor meiner Kamera vor der Küste Hawaiis.

199 Sonnenlicht dringt ins Wasser und beleuchtet einen Buckelwal.

Eine leichte Brise kräuselte das Wasser, das sanft gegen die Außenhaut unseres Schlauchboots schlug. Wir warteten ruhig und betrachteten die Wasseroberfläche, als die Stille plötzlich von einem lauten Zischen unterbrochen wurde. Ein großer Wal tauchte dicht vor unserem Boot auf. Alljährlich im Frühjahr findet sich in dieser Gegend eine kleine Population von Südkapern ein, die hier ihre Jungen zur Welt bringt und aufzieht. Die Wale paaren sich auch in diesen Gewässern. Ein ausgewachsenes Exemplar bringt es auf gut 13 Meter Länge und ein Gewicht von mehreren Tonnen, was die Paarung zu einem im wahrsten Sinne des Wortes aufwühlenden Erlebnis macht. Nun jedenfalls sprang ich in einfacher Schnorchelausrüstung und mit meiner Kamera in der Hand ins Wasser. Es folgte eine der interessantesten Fotosessions meiner Laufbahn.

Südkaper waren die ersten Wale, die ich je zu Gesicht bekam und unter Wasser fotografierte. Da niemand dies zuvor versucht hatte, konnte ich auf keinerlei Erfahrungen zurückgreifen. Ich fragte mich, ob der Wal wissen würde, wo ich mich im Verhältnis zu ihm befand, nachdem er an mir vorbeigeschwommen war. Ich überlegte, ob ihn das überhaupt interessieren würde. Unter Wasser lag die Sichtweite bei etwa 25 Metern, so dass ich auf jeden Fall zu sehen sein würde. Würde der Wal die abgelegene Bucht friedlich mit mir teilen oder ging ich ein unabsehbares Risiko ein? Trotz all dieser Fragen im Hinterkopf sagte mir mein Gefühl, dass ich mich nicht in Gefahr begab. Und so war es auch.

Die Wale schienen immer genau zu wissen, wo ich mich aufhielt, und vermieden es, mich mit ihren riesigen Fluken zu streichen. Während ich aus nächster Nähe den 15 Meter langen Wal fotografierte, der wie ein riesiges U-Boot an mir vorbeiglitt, fühlte ich mich niemals bedroht. Wenn die Fluke in meine Nähe kam, hob der Wal sie leicht an und über meinen Kopf, dann schwamm er weiter. Das Wasser, das er mit seiner mächtigen Schwanzflosse bewegte, wiegte mich eine Weile hin und her, und ich war so glücklich, dass ich mir wünschte, dieses Gefühl möge nie enden.

Wochenlang schwamm ich mit den Walen, doch so nah, wie ich dies für meine Aufnahmen benötigt hätte, kam ich ihnen nie. Sie wichen mir einfach immer wieder so schnell aus, dass ich ihnen nicht folgen konnte. Doch eines Tages änderte sich alles. Sie schienen Vertrauen zu fassen, schwammen langsamer, und manchmal, wenn sie meinen Weg gekreuzt hatten, wendeten sie, kamen auf mich zu und schauten mich neugierig an. Endlich kamen all jene Augenblicke und Gelegenheiten, auf die ich so lange und sehnsüchtig gewartet hatte.

Die Augen der Südkaper sind etwa so groß wie eine Grapefruit. Die fragenden Blicke, die mir die riesigen Tiere zuwarfen, werde ich nie vergessen. Was sie wohl über mich dachten? Nach zahlreichen Begegnungen wagte ich es einmal, die Fluke eines Wals ganz behutsam mit dem Finger zu berühren. Er reagierte sofort, zog die Fluke weg und schwamm außer Sichtweite.

Für eine meiner Lieblingsaufnahmen, die ich aus einer Position direkt unter und hinter der Schwanzflosse eines Südkapers machte, brauchte ich zwei Wochen. Ich schaffte es einfach nicht, alles so vor den Sucher zu bekommen, wie ich es wollte. Ich arbeitete geduldig weiter, Tag für Tag, Woche für Woche. Und schließlich wurde meine Mühe belohnt. Ich folgte einem Wal, einer großen Kuh. Wir schwammen durch eine seichte, kaum 15 Meter tiefe Bucht. Die Sonne schien, und ich sah den sandigen Grund unter uns. Die Kuh blieb wie gewöhnlich auf Abstand, gerade so weit, dass ich sie nicht mit der Kamera einfangen konnte. Aus irgendeinem Grund hielt sie plötzlich an und ließ mich etwas näher kommen. Meine Aufnahme rückte in Reichweite. Ich schwamm genau an das hintere untere Ende der Fluke und begann zu fotografieren, bis der Film voll war. Das Wasser war klar, es herrschten optimale Lichtverhältnisse, und der Südkaper posierte freiwillig für mich. Alles kam an diesem herrlichen Morgen wie von Zauberhand zusammen.

Schon lange Zeit vorher hatte ich festgestellt, dass es im Meer keineswegs so still ist, wie manche behaupten. Stellen Sie sich vor, sie würden auf Hawaii Urlaub machen. Der Duft exotischer Blumen hängt in der Luft, und kleine Wellen brechen sich an einem schmalen Küstenstreifen. Vielleicht würden Sie genau wie ich eine Runde schnorcheln, bevor der Strandbetrieb losgeht. Sobald Sie den Kopf ins Wasser halten, hören Sie, was sich am nahe gelegenen Korallenriff abspielt. Garnelenpanzer knacken, Papageifische knabbern Korallen, Wellen platschen. Und manchmal hört man das Singen der Buckelwale. In Küstennähe kann es sehr schwach sein, so dass man genau aufpassen muss – doch es ist da.

Die Wale sind vielleicht viele Kilometer weit entfernt, doch im Meer breitet sich der Schall in alle Richtungen aus – und zwar weiter und schneller als in der Luft. Einmal habe ich den Gesang eines nur wenige Meter entfernten Buckelwals gehört, während ich im tiefblauen Wasser vor der Küste von Hawaii Aufnahmen machte. Das Geräusch ist dann sehr laut, und man hört es nicht nur, sondern spürt auch, wie die Schallwellen den Körper vibrieren lassen. Der Gesang umfasst eine große Bandbreite von Tönen, ist geheimnisvoll und zauberhaft zugleich – unheimlich und ganz anders als alles, was man an Land je zu hören bekommt.

Über die Lieder der Buckelwale wird in der Wissenschaft heiß diskutiert. Warum singen die Tiere? Ich glaube, dass der Gesang eine wichtige soziale Funktion hat. Forscher haben herausgefunden, dass die Wale alle sehr ähnliche Lieder singen, wenn sie sich einmal pro Jahr, von Alaska kommend, vor Hawaii einfinden. Besonders eindrucksvoll finde ich, dass ihr Lied sich Jahr für Jahr verändert. Wer aber komponiert das neue Stück? Die ganze Gruppe? Ein Einzelner? Welche Position hat dann wohl der Komponist innerhalb der Gruppe? Oder arbeiten viele Wale an der Entstehung des Liedes mit, bis es »genau richtig« klingt? Wenn die Töne so klar definiert sind und dennoch im darauf folgenden Jahr wechseln, was teilen sich die Tiere dann mit? Während ich noch auf Antworten warte, lausche ich weiter mit Hingabe den Konzerten.

In den Sommermonaten ziehen Buckelwale auf Futtersuche von der Küste der kanadischen Provinz Neufundland in landeinwärts gelegene Buchten. Der Westatlantik gehörte einst zu den nahrungsreichsten Gewässern der Erde. Als ich mich dort vor einigen Jahren aufhielt, ernährten sich die Buckelwale vorzugsweise von Lodden- und Heringsschwärmen, kleinen, wandernden Fischarten. Die Wale finden sich in dieser Region keineswegs zufällig ein, sondern folgen gezielt ihrer Beute. Doch nicht nur die Wale verhalten sich so – auch der bekannte Neufundland-Kabeljau wartet hier schon auf die Lodden.

Früher einmal galt Neufundland geradezu als Synonym für Kabeljau. Über Generationen lebten die Menschen an der kalten, rauen Nordatlantikküste vom Fischfang und entwickelten sich dabei zu einem zähen, stolzen Volk. Viele Neufundländer tragen im Herzen die Erinnerung an einen Ehemann, Sohn, Bruder, Vater oder Großvater, der auf dem Meer den Tod fand. Der Kabeljaufang war stets das Fundament der Wirtschaft und Sozialstruktur Neufundlands, doch leider sind die Bestände dramatisch zurückgegangen. Hieran tragen ausländische Fischereiflotten die Schuld, die die Fischgründe hemmungslos ausbeuteten. Aber auch staatliches Missmanagement hat dazu geführt, dass die Neufundländer von der Kabeljaufischerei heute nicht mehr leben können.

Einmal saß ich auf einer Klippe an der Küste Neufundlands, blickte aufs Meer und beobachtete Buckelwale, die in Ufernähe Lodden fraßen. Allmählich senkte sich der Abend nieder. Die Wale verschwanden immer einige Sekunden lang und tauchten dann mit dem Maul voller Lodden geräuschvoll wieder auf. Bald war es so dunkel, dass ich das Fotografieren einstellen musste. Ich erlebte einen der seltenen Augenblicke, in dem ich die Kamera beiseite legen und nur noch beobachten konnte. Fasziniert bemerkte ich, wie riesig sich die Mäuler der Wale aufblähten, wenn sie mit Wasser und Fischen gefüllt waren. Ich erinnere mich noch, dass einige wenige Fische entschlüpften, silberne Leiber, die im schwachen Licht der untergehenden Sonne ihren Weg zurück ins Meer fanden. Am Strand spielten ein paar Jungen; ihre fröhlichen Stimmen mischten sich in die Schreie der Möwen, die einige der den Walen entkommenen Fische erhaschten. Und ich erinnere mich an den glutroten Himmel, an dem die ersten Sterne strahlten, und an den Einbruch der Nacht, die das Meer in tiefes Schwarz tauchte.

Ich blieb noch lange sitzen, obwohl ich nichts mehr sehen konnte. Ich hörte den Atem der Wale, hörte, wie sie auftauchten, fraßen und wieder unter Wasser sanken. Ich empfand es als Geschenk, einmal nichts zu sehen, sondern die Natur nur hören zu können. Niemals werde ich diesen Abend vergessen. Lange Zeit lauschte ich und dachte nach – über mir der Nachthimmel voller Planeten und Sterne, unter mir die Wale, die Futter suchten. Ich saß in der Dunkelheit am Strand und erkannte, dass ich einen neuen Zugang zur Natur gefunden hatte. An jenem Abend hatte ich gelernt, innezuhalten und dem Konzert der Tiere zu lauschen, auch wenn ich die Musiker nicht sehen kann.

203 Vor der Küste Hawaiis tauchen Grindwale auf Suche nach Futter in tiefere Gewässer.

Friedfertige Riesen

204–205 Buckelwale verfangen sich häufig in Fischernetzen, wie hier vor der Küste Neufundlands. Diesen Wal ließ man wieder frei, nachdem man ihn mit einem Sender ausgestattet hatte. Immer wenn ich dem Tier zu nahe kam, bewegte es warnend den Kopf auf und ab.

206–207 Buckelwale haben lange, fast weiße Brustflossen.

208–209 Im Kielwasser eines Süd-
kapers. Die Aufnahme hält einen
der aufregendsten Momente fest,
die ich je unter Wasser erlebt habe.

Begegnung zwischen Mensch und Wal

212–213 Vor der argentinischen Küste schwimmt der Taucher Andy Pruna dicht an einen Südkaper heran.

214 und 214–215 Südkaper kommen mit Bewuchskrusten zur Welt, die individuelle Muster bilden, so dass man jedes Tier identifizieren kann.

220–221 Buckelwal vor der Küste Hawaiis.

221 Buckelwalkuh und ihr neugeborenes Kalb mit Begleitung.

224–225 Kurzflossengrindwale ziehen in großen Gruppen durchs Meer.

225 Ein Zwerggrindwal vor der Küste Hawaiis. Der große Delfin wird häufig mit anderen Arten verwechselt, ist unter Wasser aber an seinem rundlichen Kopf und dem aggressiven Verhalten leicht zu erkennen.

226–227 Vor der Küste Hawaiis schwimmt ein Zwerggrindwal auf den Fotografen zu.

228–229 Eine Kurzflossen-grindwalkuh säugt ihr Kalb.

DELFINE

DIE GEISTREICHEN

Das Meer hat für mich etwas Besonderes, das gewisse Etwas, das zu mir spricht. Ich kann diese Anziehungskraft nicht erklären – sie ist einfach da, in mir und ein Teil von mir.

Kein tropisches Gewässer vermag mich so zu fesseln wie das offene Meer, das sich jenseits des Kontinentalhangs vor der Küste erstreckt. Diese Region ist gewissermaßen eigenschaftslos, man sieht keinen Grund, kein Riff, keinen Fisch. Eine erstaunliche Leere herrscht in dieser Welt, die ihre Geheimnisse nur zögernd preisgibt. Das Sonnenlicht, das durch die Wasseroberfläche dringt, beleuchtet nichts. Die blaue Weite Tag für Tag abzusuchen, kann ziemlich eintönig und deprimierend sein. Entdeckt man dann tatsächlich etwas, ist man geneigt, an Zauberei zu glauben. Wo Sekunden zuvor noch Leere herrschte, nimmt plötzlich ein Körper Gestalt an.

Ich habe mich immer an eine unumstößliche Wahrheit gehalten: Es kommt darauf an, zum richtigen Zeitpunkt am richtigen Ort zu sein. Ein im Wasser lebendes Tier hat zahlreiche Möglichkeiten, dem Fotografen aus dem Weg zu gehen. Anders als ein Landsäuger kann ein Meeressäuger über einen Menschen hinweg, unter ihm durch oder an ihm vorbei schwimmen. Delfine etwa orten uns Taucher, lange bevor sie sie sehen und viel früher, als wir sie sehen.

Schlankdelfine tummeln sich im gesamten tropischen Pazifik, doch entdeckt man sie nur selten. Um sie zu fotografieren, versuchte ich mich wieder einmal zum richtigen Zeitpunkt am richtigen Ort einzufinden. Manchmal funktioniert es und dann auch wieder nicht. Wer die nachfolgenden Aufnahmen betrachtet, übersieht leicht, wie viel Mühe in ihnen steckt. Tage vergingen, manchmal Wochen, bis ich ein Bild im Kasten hatte. Ein oftmals frustrierendes Unterfangen, und dennoch ist es aus irgendeinem Grund genau das, was ich gerne mache und – nach Aussagen anderer – offenbar auch ganz gut kann.

Ich weiß nicht, ob Delfine intelligent sind. Ich werde oft danach gefragt, doch meiner Ansicht nach trifft die Frage nicht den entscheidenden Punkt. Keine anderen Meereslebewesen scheinen meines Erachtens so gut an ihre Umgebung angepasst zu sein wie Delfine, keine sind so eng verbunden mit dem Element, das sie umgibt. Delfine beherrschen eine komplexe Sprache und können über große Entfernungen im Wasser kommunizieren. Sie leben in großen und kleinen sozialen Strukturen und verfügen über eine weit entwickelte soziale Hierarchie, die jedes Tier respektiert. Wer wie sie durch das offene Meer zieht, tut gut daran, die Verbindung zu Artgenossen zu halten. Anders als ihre Verwandten in Zoos oder Aquarien müs-

231 Ein Schlankdelfin springt vor der Küste Hawaiis aus dem Wasser.

sen frei lebende Delfine ihr Futter selbst beschaffen und sind deshalb hervorragende Jäger. Auf der Suche nach Beute streifen sie täglich kilometerweit durch das Meer. Die unermüdlichen Schwimmer und Springer sind geradezu der Inbegriff von Bewegung.

Wenn ein Wal oder Delfin auf mich zukommt, schaut er direkt in mein Gesicht oder ins Objektiv meiner Kamera. Was denken die Tiere, wenn sie das ungeschickte, ihnen offenkundig unterlegene Lebewesen sehen, das von einem Boot aus in ihre nasse Welt plumpst? Einmal schwamm eine Grindwalkuh mit ihrem Kalb unter mir. Diesen Augenblick werde ich nie vergessen. Der Tag war grau, und unter Wasser reichte das Licht kaum zum Fotografieren. Als Mutter und Kalb sich mir näherten, kam plötzlich die Sonne heraus und erfüllte das Wasser mit Licht. Dann rollte sich das Kalb herum, schwamm zu seiner Mutter und begann in aller Ruhe zu trinken.

Schwarzdelfine suchen nach großen Sardellenschwärmen. Von der Oberfläche aus lässt sich die Jagd mit Hilfe der Seevögel lokalisieren, die hoffen, dass ein Teil der Beute für sie abfällt. Lange Zeit habe ich versucht, mich mit der Kamera mitten im Geschehen zu postieren. Doch immer, wenn ich eintraf, waren Delfine, Fische und Vögel bereits verschwunden; Jäger und Beute waren weitergezogen, und das Meer war grün und leer. Nur noch einige silbrige Schuppen als letzte Überreste verspeister Opfer sanken auf den Grund. Hielt ich mich unter Wasser bei einer Gruppe von Schwarzdelfinen auf, schwammen sie häufig unvermittelt in eine Richtung davon. Wenn ich ihnen lange genug folgte, stellte ich fest, dass sie Jagd auf einen Sardellenschwarm machten, den eine andere Delfingruppe aufgespürt hatte. Dies ist für mich der klare Beweis dafür, dass sie über eine komplexe Sprache verfügen und unter Wasser über weite Entfernungen hinweg miteinander kommunizieren. Hatten sie einen Schwarm umringt, setzte eine Art Aufgabenteilung ein. Einige Delfine hingen bewegungslos im Wasser und fraßen ab und zu einen Fisch, andere schwammen umher und trieben die Sardellen zu einem dichten Ball zusammen.

In ihrem Lebensraum voller Herausforderungen trägt Teamwork bei der Futtersuche maßgeblich dazu bei, dass die Art überlebt. Natürlich kann man dieses Verhalten als intelligent bezeichnen, doch die Diskussion darüber überlasse ich lieber den Forschern. Die Delfine jedenfalls erbeuteten ihre Fische stets im Bruchteil einer Sekunde, so dass ich es selten in Echtzeit vor Ort beobachten konnte. Auf meinem Film sah ich später, dass die Säuger einen bestimmten Fisch im Schwarm ausmachten, ihm folgten und ihn fingen. Keineswegs schwammen sie einfach mit geöffnetem Maul durch den Schwarm.

233 Schlankdelfine *(Stenella attenuata)* vor Hawaii. Die Delfine springen und tauchen synchron.

234–235 Schwarzdelfine *(Lagenorhynchus obscurus)* auf dem Weg zu einem Fischschwarm vor der argentinischen Küste. Delfine verständigen sich unter Wasser über große Entfernungen und dirigieren einander zu Futterquellen.

Schwarzdelfine

Gemeinsam auf der Jagd

236–237 Vor der argentinischen Küste greifen Schwarzdelfine einen Sardellenschwarm an.

237 Wie Hirten eine Herde – jedoch in anderer Absicht – halten Schwarzdelfine hier Sardellen in Schach.

238 und 238–239 Schwarzdelfine haben einen Sardellenschwarm zusammengetrieben und tun sich nun an ihm gütlich. Von der Wasseroberfläche aus picken Vögel nach einzelnen Fischen.

240 Ein Weißstreifendelfin kurz vor dem Auftauchen.

241 Schwarzdelfine vor der argentinischen Küste. Deutlich erkennt man das Blasloch eines Delfins, der an der Oberfläche Luft holt.

242 und 242–243 Schlankdelfine vor der Küste Hawaiis.

Schlankdelfine

Ständig in Bewegung

244–245 Vor Hawaii kreuzen Schlankdelfine den Weg des Fotografen.

246–247 Ein Schlankdelfin umkreist den Fotografen.

MEERES-SCHILDKRÖTEN

BLAUE ENGEL

MEERESSCHILDKRÖTEN

BLAUE ENGEL

DER GRIECHISCHE DICHTER ÄSOP PRÄSENTIERTE DIE SCHILDKRÖTE IN SEINER BERÜHMTEN FABEL »DER HASE UND DIE SCHILDKRÖTE« ALS LANGSAMES, PLUMPES TIER – VIELLEICHT WEIL DIESE FABEL VOM WETTLAUF EINES HASEN MIT EINER LANDSCHILDKRÖTE HANDELT. Entgegen der Erwartung siegt schließlich die Schildkröte, denn die Moral der Geschichte lautet, dass man mit Ruhe und Beharrlichkeit schneller und sicherer ans Ziel kommt.

Äsop wusste offenbar nichts von den Meeresschildkröten, diesen eindrucksvollen Schwimmern, die sich unter Wasser äußerst wendig fortbewegen und zu waghalsigen Manövern in der Lage sind. Mit Sicherheit wäre der Hase vor Neid erblasst.

250 Meeresschildkröten

Ihre besonderen Fähigkeiten unter Wasser setzen die Meeresschildkröten ein, um ihren natürlichen Feinden zu entkommen. Sie können aber gleichermaßen auch durch Sand schwimmen.

Stellen Sie sich vor, Sie lägen an einem fernen Strand irgendwo in den Tropen, tief in einem Sandhügel verborgen. Bisher war das Nest, das Ihre Mutter für Sie gegraben hat, ein warmes, weiches, feuchtes und sicheres Refugium. Nun aber wollen Sie heraus aus Ihrer Eischale und müssen sich anschließend einen Weg durch den Sandhügel graben, in dem Sie zwei Monate lang versteckt waren. Sie sind nur wenige Zentimeter groß und vollkommen von Sand bedeckt – also schwimmen Sie sich frei.

Genau das machen junge Meeresschildkröten, wenn sie sich durch den Sand wühlen: hektische, fast zwanghafte Schwimmbewegungen. Sobald sie aus dem Ei geschlüpft sind, beginnt für sie der gefährliche Wettlauf hin zum Meer, das jenseits des Strandes und der Brandung einige Sicherheit bietet.

Einmal habe ich ein Nest Olivfarbener Bastardschildkröten beobachtet, die gerade schlüpften. Ich lag an einem Strand in Costa Rica und schaute zu, wie die Strahlen der aufgehenden Sonne in den Wellen tanzten. Direkt vor mir hatte der ansonsten platte Sand eine kleine Delle. Ich bemerkte eine Bewegung, deshalb sah ich zu, was sich weiter tat. Fast unmerklich rollte Sandkörnchen um Sandkörnchen in die Vertiefung, bis sich ein kleiner Kreis bildete. Plötzlich tauchte ein winziger Kopf auf, dann eine Flosse. Eine zweite Schildkröte erschien, dann noch eine und noch eine. Schließlich rutschte der Sand nach unten, und ich blickte auf ein Nest von Schildkrötenjungen, die mit wilden Bewegungen auf das Wasser »zuzuschwimmen« begannen. Sie ploppten aus dem Sand wie Popcorn, krabbelten über ihre

248 Frisch geschlüpfte Suppenschildkröten tauchen aus dem Sand auf.

251 An einem Strand in Costa Rica schlüpfen Olivfarbene Bastardschildkröten.

Brüder und Schwestern und kämpften sich dem Strand entgegen, wobei sie im Sand mit den Flossen ruderten und paddelten, als befänden sie sich bereits in ihrem eigentlichen Element, dem Wasser.

Über 80 Schildkröten krochen an diesem Morgen aus einem einzigen Nest – ein seltener und wunderbarer Anblick, zumal am helllichten Tag. Das Glück war auf meiner Seite; ich schaute und fotografierte und freute mich über den unglaublichen Zufall.

Regelmäßig legten die Schildkrötenjungen eine verdiente Pause ein. Einige steckten nur ihre winzigen Nasen aus dem Sand und hielten sogleich inne, um Strandluft zu schnuppern. Doch nur wenige Augenblicke später krabbelten sie aus dem Nest und strebten ohne zu zögern der Brandung, jenem Niemandsland zwischen Land und Wasser, zu.

Forscher konnten bereits nachweisen, dass nur sehr wenige Schildkröten das Erwachsenenalter erreichen. Tatsächlich war ich ihnen trotz meiner häufigen Aufenthalte unter Wasser bislang nur selten begegnet. Doch erst an diesem Morgen wurde mir klar, wie viele ihr kleines Leben verloren, kaum dass es begonnen hatte. Das Glück war nicht auf der Seite der Schildkröten, sondern auf jener der Fregattvögel. Eine nach der anderen »schwammen« die kleinen Schildkröten über den Strand und verschwanden vor meinen Augen wie Sandkörner, die der Wind verweht. Ohne jede Mühe stieß eine Schar Fregattvögel immer wieder hinab und pickte die Schildkröten vom Strand. Die Vögel sind geübte Flieger und geschickte Räuber mit ausgezeichneten Augen und einem Blick für jede Futterquelle, die sich ihnen bietet. Und so erreichte an diesem Morgen keine einzige Schildkröte das rettende Wasser.

Monate später fotografierte ich Hunderte von Kilometern weiter nördlich vor einem mexikanischen Strand im Pazifik Schildkrötenjunge. Sie waren schwarzgrün und hatten den Weg durch die Brandung geschafft. Das Wasser war klar und blau. Mit sicherem Instinkt entfernten sie sich vom Strand und den Wellen. Nachdem sie einige Sekunden an der Oberfläche verharrt hatten, tauchten sie geradewegs etwa drei Meter tief nach unten und verschwanden im offenen Meer.

Als ich den winzigen Schildkröten bei meinem Tauchgang folgte, hatte ich immer noch die Bilder der Fregattvögel mit ihrer Beute vor Augen. Ich merkte, wie glücklich die Schildkröten darüber waren, so weit gekommen zu sein. Ein Tier mit einer so geringen Überlebenschance wirkt immer irgendwie entrückt – kaum zeigt es sich, da ist es schon wieder verschwunden. Alles, was ein Maul und Zähne besaß, schien sich am Strand, in der Luft, am Ufer, in der Brandung oder im Meer postiert zu haben, um die Schildkröten zu fressen. Gerade diese »Flüchtigkeit« wollte ich mit meiner Kamera einfangen. Ich wählte daher eine langsame Verschlusszeit und ließ die winzigen Tierchen unter mir vorbeischwimmen. Ich finde, dass die Aufnahmen jenes Tages das zarte, außergewöhnliche Wesen der Schildkröten gut zum Ausdruck bringen. Sie wirken wie winzige Engel, die durch ein riesiges, blaues Himmelsmeer schwimmen.

253 Olivfarbene Bastardschildkröten *(Lepidochelys oliveacea)* bei der Paarung vor Costa Rica.

254 und 254–255 An einem Strand in Costa Rica verlassen Olivfarbene Bastardschildkröten das Wasser, um ihre Nester am Strand zu graben.

Beschwerliche Rückkehr an Land

256–257 Nur die Weibchen kehren an Land und an den Strand zurück, an dem sie einst schlüpften. Bei Sonnenuntergang hieven sie sich aus dem Wasser, graben ihre Nester und legen die Eier hinein.

258 Eine Olivfarbene Bastardschildkröte sucht an einem Strand in Costa Rica nach einem geeigneten Nistplatz. Die Weibchen dieser Art legen über 100 tischtennisballgroße Eier.

259 Eine junge Olivfarbene Bastardschildkröte strebt dem sicheren Pazifik zu.

262 Wie ein kleiner Engel »fliegt« eine frisch geschlüpfte Suppenschildkröte durch das tiefblaue Wasser.

263 Eine Olivfarbene Bastardschildkröte versucht sich umzudrehen, um ihre Wanderung ins Meer anzutreten.

Zweierlei Welten

Ein Leben zu Wasser und zu Lande

264 Vor der Küste Hawaiis teilen sich Suppenschild-kröten und Mönchsrobben eine kleine Sandbank.

264–265 Eine Suppenschildkröte *(Chelonia mydas)* vor Grand Cayman.

266 und 266–267 Vor der Küste von Grand Cayman umkreist eine Suppenschildkröte den Fotografen.

268–269 Eine Echte Karettschildkröte *(Eretmochelys imbricata)* an einem Riff in der Karibik. Die Tiere sind in ihrem Bestand bedroht, weil man aus ihren Panzern lange Zeit Schmuck herstellte.

270–271 Eine weibliche Olivfarbene Bastardschildkröte wartet in rund 20 Meter Tiefe vor dem Strand auf ein unbekanntes Signal. Gemeinsam mit Tausenden Artgenossinnen wird sie ans Ufer klettern und ihre Eier ablegen. Die Einheimischen bezeichnen diese Massenankunft der Weibchen am Strand als *arribada* (Ankunft).

272–273 Vor Costa Rica paaren sich zwei Olivfarbene Bastardschildkröten. Die Paarung findet in der Regel im Wasser vor dem Niststrand statt. Die Weibchen können das Sperma der Männchen während der gesamten Brutzeit in ihrem Körper speichern.

Meeres-schildkröten bei der Paarung

274–275 Olivfarbene Bastardschildkröten begegnen sich vor dem Niststrand in Costa Rica. Das Männchen klammert sich während der Paarung an den Panzer seiner Partnerin, die deutlich größer ist (rechts).

GOLF VON MAINE

LICHTBLICKE IN DUNKLER TIEFE

GOLF VON MAINE

LICHTBLICKE IN DUNKLER TIEFE

Im Westatlantik erstreckt sich entlang der Nordostküste der USA und der Ostküste Kanadas der Golf von Maine. Das insgesamt 60 000 Quadratkilometer große Gebiet ist dank der Fülle und Vielfalt der hier lebenden Arten einzigartig. Die Küste des amerikanischen Bundesstaats Maine bildet die nördliche und westliche Begrenzung, im Nordosten liegt die kanadische Provinz Neuschottland, im Süden ragt die Landzunge von Cape Cod ins Wasser. Der zu drei Seiten fast vollständig von Land umschlossene Golf bildet deshalb eine biologische Einheit. Dank seiner Nähe zu den warmen Wassern des Golfstroms, der zahlreichen, von der letzten Eiszeit geformten Becken und Kanäle und der starken jahreszeitlichen Schwankungen der Wassertemperatur stellt der Golf eine einzigartige, wertvolle biogeografische Region dar – eine Art »Meer im Meer«. Die Fischer, die dort gute Erträge erzielen, kennen den Golf genauso gut wie Wissenschaftler, die sich für seine Geheimnisse interessieren, und Taucher, die in seine Tiefen vordringen.

Historisch betrachtet, zählt der Golf von Maine zu den reichsten Fanggründen Nordamerikas. Die guten Aussichten für Fischer trugen maßgeblich zur Besiedlung dieser Region bei. Zwei Jahrhunderte lang brachten Fischer mit Schleppnetzen reiche Beute ein oder verdienten ihren Lebensunterhalt mit Hummer- und Kabeljaufang. Mittlerweile haben die Regierungen der USA und Kanadas die Fangquoten aber herabgesetzt, um die Überfischung einzudämmen. Im Nordosten von Maine, wo mein Heimatstaat an die kanadische Provinz New Brunswick grenzt, liegen die Passamaquoddy Bay und die Bay of Fundy, zwei meiner Lieblingstauchplätze im Atlantik. In einigen Teilen der Bay of Fundy schwankt der Wasserpegel täglich um 14 Meter. Unter diesen Bedingungen sind Tauchgänge eine Herausforderung und ein echtes Erlebnis. In der Passamaquoddy Bay leben besonders viele Wirbellose, vor allem Muscheln und Schwämme, die Nährstoffe aus dem Wasser filtern. Diese werden durch die ausgeprägten Gezeiten in beträchtlichen Mengen in die Bucht gespült. An den unterseeischen Wänden und Felsvorsprüngen siedelt eine komplexe und farbenprächtige Gemeinschaft von Seesternen, Schwämmen, Manteltieren, Hornkorallen, Hydrozoa und anderen Lebewesen.

Wasser ist ein dynamisches Element. Keine Welle trifft in derselben Weise oder an derselben Stelle auf den Strand. Fischschwärme sind wie das Wasser, das sie umgibt: stets in Bewegung und veränderlich in der

276 Swallow Tail Lighthouse auf Grand Manan Island, Golf von Maine.

279 Eine Kegelrobbe *(Halichoerus grypus)* im Golf von Maine berührt den Fotografen fast mit der Schnauze.

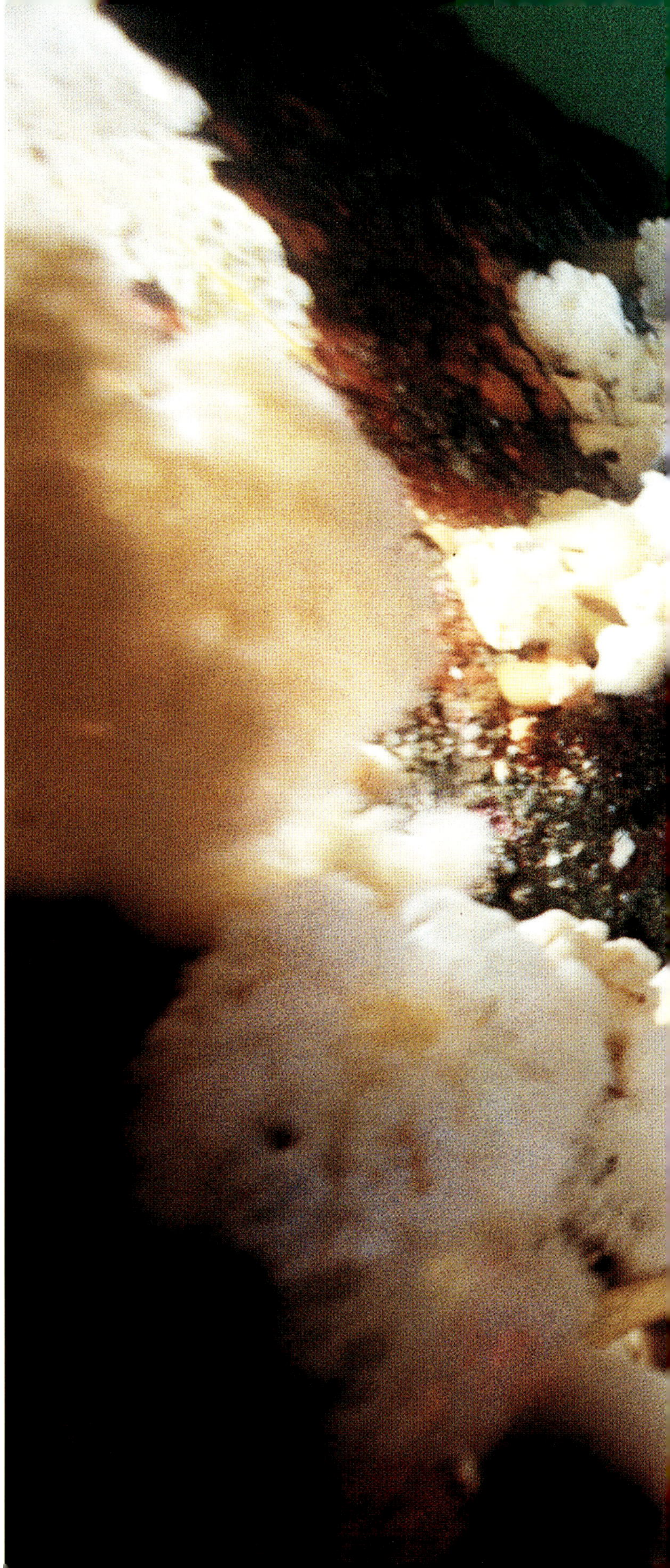

284 und 284–285 Der Steuermann des Unterwasserforschungsbootes *Johnson Sea Link* umrundet den Ammen Rock im Golf von Maine.

288 Golf von Maine

288 und 289 Kegelrobben im Golf von Maine.

292 Der Amerikanische Seeteufel *(Lophius americanus)* lebt am Meeresgrund. Er setzt einen Anhang am Kopf als Köder ein, um ahnungslose Fische anzulocken.

293 Amerikanische Aalmutter *(Macrozoarces americanus)* im Golf von Maine

294

294 und 294–295 Seewölfe *(Anarhichas lupus)* verstecken sich tagsüber in kleinen Höhlen.

296 und 297 Seeraben *(Hemitripterus americanus)* wirken mit ihren fleischigen Anhängseln wie Seegras oder andere Pflanzen am Meeresboden und sind dadurch gut getarnt.

298 Winterrochen *(Raja ocellata)* im Golf von Maine. Diese am Grund lebende Art trägt Tarnfarben und ist zwischen Steinen und Algen kaum zu erkennen.

298–299 Ein Atlantischer Taschenkrebs *(Cancer irroratus)* im Golf von Maine.

300 Golf von Maine

300 und 301 Nacktkiemer (oben *Coryphella browni*) gehören zu den gehäuselosen Weichtieren

302–303 Eine Gruppe Seesterne der Art *Asterias forbesii* verzehrt Rankenfüßer im Golf von Maine.

304–305 Seescheiden der Art *Boltenia ovifera* bilden eine größere Ansammlung in der Nähe von Eastport, Maine. Diese Manteltiere filtern Nährstoffe aus dem Wasser.

BIKINI-ATOLL

RÜCKKEHR DES LEBENS

BIKINI-ATOLL

RÜCKKEHR DES LEBENS

Aus der Luft betrachtet unterscheidet sich das Bikini-Atoll, eine zu den Marshall-Inseln gehörende Gruppe, kaum von anderen einsamen Inseln im Nordpazifik. Der Grund der Lagune schimmert smaragdgrün, das äußere Riff hebt sich kobaltblau davon ab. Zahlreiche unterseeische Korallenspitzen reichen bis dicht unter die Wasseroberfläche. Auf den größeren Inseln erkennt man vom Flugzeug aus Kokospalmen, weiße Strände und Sandbänke, die bei Ebbe freiliegen. Im Wasser sieht man Kanäle, flache Riffplateaus und steile Wände, das Außenriff und seine Ausläufer. Sandbänke und Riffe bilden typische Atolle, mehr oder weniger kreisrunde Inselketten. Auch den Bravo Crater kann man aus der Luft ausmachen, einen mit Wasser gefüllten Kreis von fast zwei Kilometer Durchmesser. Dort, wo sich eigentlich drei Inseln – Bokbata, Boklokoaton und Boknejun – sowie die Flora und Fauna eines faszinierenden Korallenriffs befinden sollten, ist aus der Luft nichts zu erkennen als tiefblaues Wasser.

Am 1. März 1954 um 6.45 Uhr führten die USA hier einen Atomwaffentest durch. Die Bombe war eine von mehr als 20 Nuklearsprengungen, die zwischen 1946 und 1958 am Bikini-Atoll detonierten. Der Test trug den Decknamen »Bravo« und fand am Nordwestrand des Atolls statt. Die Wissenschaftler der US-Regierung gingen davon aus, dass die Sprengkraft zwischen drei und acht Megatonnen liegen würde. In Wahrheit war sie 1000fach stärker als die Atombombe, die Hiroshima zerstört hatte. Mit 15 Megatonnen wurde bei diesem Test die größte nukleare Sprengladung in der Geschichte des Atomwaffentestprogramms der USA gezündet. Später sprach man von einem Versehen. Dieser »Irrtum« eliminierte drei Inseln mitsamt ihrer Riffe von der Erdoberfläche!

Zum Zeitpunkt des Bravo-Tests war ich acht Jahre alt. Ich erinnere mich daran, dass meine Eltern im Fernseher die Nachrichten schauten, in denen Bilder des Atompilzes über dem Bikini-Atoll gezeigt wurden. Natürlich konnte ich die Bedeutung der Meldung nicht erfassen, aber schon damals fragte ich mich, wohin all die Fische im Meer schwimmen würden und ob es ihnen gelungen war, sich rechtzeitig zu verstecken. Neun Jahre zuvor, im Juli 1946, hatte man unter dem Decknamen »Operation Crossroads« zwei Atombomben unter mehreren Schiffen gezündet, die in der Bikini Lagoon vor Anker lagen. Die Forscher wollten herausfinden, welche Auswirkungen die Explosion nuklearer Sprengkörper auf eine Schiffsflotte haben würde. Die Schiffe hatten während des Zwei-

306 Das U-Boot *USS Pilotfish* aus dem Zweiten Weltkrieg versank bei einem Atomtest am Bikini-Atoll.

309 In dem Betonbunker auf der Ostseite des Bikini-Atolls waren während der Testphasen Instrumente für Atomversuche untergebracht.

Am Rand des Riffs

Kontaktstelle zwischen Ozean und Lagune

314–315 Wellen brechen sich an einem schmalen Teil des Riffplateaus, das am Westende der Hauptlagune des Bikini-Atolls liegt. Mein Assistent Eric Hiner bleibt unterhalb der Brandung, um der Wucht der Wellen an der Oberfläche zu entgehen.

316–317 und 317 Eine Muräne der Art *Gymnothorax sp.* taucht aus ihrer Höhle am Lagunenboden auf.

Triumph der Natur

Das Leben entfaltet sich erneut

318–319 Ein kleiner Zackenbarsch verlässt sein Versteck im Riff.

322–323 Ein Schwarm Großaugenmakrelen *(Caranx sexfasciatus)* schwimmt zusammen mit dem Taucher, Eric Hiner, am äußeren Riff entlang.

324–325 Großaugenmakrelen kreuzen den Weg eines Grauen Riffhais.

Nuklearfriedhof

Lichtblicke für die Zukunft

326–327 Das japanische Schlachtschiff *Nagato* liegt mit nach oben gedrehtem Rumpf auf dem Grund der Lagune. Das Flaggschiff des japanischen Admirals Isoroku Yamamoto aus dem Zweiten Weltkrieg wurde während eines Atomtests am Bikini-Atoll versenkt. Als erstes Kriegsschiff war die *Nagato* mit acht 41-Zentimeter-Kanonen ausgerüstet.

328–329 und 329 Ein Taucher schwimmt über das Wrack des U-Boots *USS Pilotfish (SS-386)* hinweg. Auch dieses Schiff sank während der Atomtests am Bikini-Atoll. Es liegt in 60 Meter Tiefe auf dem Grund der Lagune.

330–331 Die *USS Saratoga (CV-3)* ging während der »Operation Crossroads« unter und blieb aufrecht auf dem Grund der Lagune stehen. Sie sank erst nach der Zündung der zweiten Atombombe.

334–335 Die schweren Geschütze auf dem Deck des japanischen Schlachtschiffs *Nagato* sorgten dafür, dass das Schiff sich beim Sinken drehte und mit dem Rumpf nach oben auf dem Grund landete. Das Heck ruht auf dem Boden der Lagune.

336–337 Bomben auf dem Hangardeck des Flugzeugträgers *USS Saratoga (CV-3)*.

KELP-WÄLDER

KATHEDRALEN UNTER WASSER

350 Riffbarsche zwischen riesigen Kelppflanzen.

351 Ein Taucher schwimmt über den Fotografen hinweg durch den Kelpwald, als wäre er in einer riesigen Unterwasserkathedrale.

KELP-WÄLDER

KATHEDRALEN UNTER WASSER

IM KELPWALD

KATHEDRALEN UNTER WASSER

Ich kniete nieder, ganz so, wie es sich in einer Kathedrale gehört. Ich befand mich zwar nicht in einem Gotteshaus und war auch nicht zum Beten gekommen, doch die pure Schönheit und die riesigen Ausmasse flössten mir Ehrfurcht ein und machten mich demütig.

Ich legte meine Kameraausrüstung beiseite. Unter mir war der felsige Boden und über mir tanzten Sonnenstrahlen auf der Wasseroberfläche, umrahmt von langen Fäden goldfarbener Braunalgen. Bei Algen denkt man meist an kleine grüne Wasserpflanzen, doch diese hier waren definitiv einige Nummern größer. Ich befand mich in rund 25 Meter Tiefe bei Point Sur vor der nordkalifornischen Küste. Die Algen wuchsen vom Boden bis dicht unter die Wasseroberfläche, um ein Maximum an Licht aufzunehmen. Die Wipfel dieses Algenwalds durchbrachen sogar die Wasserlinie. Die hier in dieser Region weit verbreitete Algenart heißt Riesentang *(Macrocystis pyrifera)* und macht ihrem Namen alle Ehre, denn sie wird über 30 Meter lang. Auch ihre Wuchskraft ist enorm: Je nach Jahreszeit schießt sie pro Tag 20 bis 60 Zentimeter in die Höhe. Riesentang wächst gerade nach oben, der Sonne entgegen, wobei mit Gas gefüllte Kammern am Ansatz jedes Blattes der Pflanze Halt in der Strömung verleihen.

Ich befand mich in einem Urwald oder besser in einer Unterwasserkathedrale. Ein Schwarm Riffbarsche der Art *Chromis punctipinnis* bahnte sich seinen Weg durch das Dickicht vor meinem Kameraobjektiv. Die riesigen Kelpstängel schwankten von einer Seite zur anderen. Von unten betrachtet, nahm man die Wasserbewegung so wenig wahr, wie man an Land den Wind sehen kann. Dennoch wogte der Kelp wie Bäume hin und her. Man fühlt die Energie, ohne sie wirklich zu sehen; man erkennt sie nur an dem, was sich über oder unter Wasser bewegt.

In diesem dichten Kelpwald ist das Vorkommen einer Alge, eines Wirbellosen und eines Meeressäugers miteinander verflochten: Kelp, Seeigel und Seeotter leben hier in enger Verbindung. Seeigel und Seeotter bilden wichtige Bestandteile des Ökosystems Kelp. Die Pflanzen »wurzeln« auf dem steinigen Boden, doch das dicke, frei liegende Haftsystem, Rhizoid genannt, nimmt keine Nährstoffe auf, die dann durch den Stängel transportiert werden. Es dient lediglich als Halt in der Strömung und im Sog der Wellen. Seeigel ernähren sich von Riesentang

338 Taucher mit Lampe im Kelpwald vor Point Sur, Kalifornien.

341 Wenn Seeotter an der Wasseroberfläche schlafen, wickeln sie sich in Kelp ein, um nicht abzutreiben.

und greifen dabei die Wurzelballen an. Treten sie in großer Zahl auf, können die Seeigel die Pflanzen so schädigen, dass sie ihren Halt verlieren und davongetrieben werden.

Seeotter leben entlang der Westküste Nordamerikas, und ihr Verbreitungsgebiet erstreckt sich von Kalifornien bis Alaska. Im 19. Jahrhundert sank ihre Zahl beträchtlich, weil die Tiere wegen ihres dichten Pelzes stark bejagt wurden. 1989 starben Tausende von Seeottern nach der Tankerkatastrophe der *Exxon Valdez* im Prince William Sound in Alaska. Heute stehen sie in den USA und in Kanada unter Schutz. Seeotter fressen Seeigel. Eine symbiotische Beziehung zwischen Kelp, Seeigeln und Seeottern ist zwar nicht nachgewiesen, doch die meisten Biologen räumen ein, dass dort, wo genügend Seeotter leben, die Seeigelpopulationen im Gleichgewicht bleiben und die Kelpwälder gedeihen.

Ich habe einmal drei ziemlich enttäuschende Wochen lang versucht, Seeotter unter Wasser in der Monterey Bay (Kalifornien) zu fotografieren. Es ist schon schwer genug, sie unter Wasser überhaupt zu Gesicht zu bekommen. Sie jedoch auf Film zu bannen, ist ein absolut frustrierendes Unterfangen. Ich habe noch nie einen Meeressäuger erlebt, der so schnell und so unauffindbar war. Dann schaffte ich es schließlich doch noch, einige Aufnahmen von frei lebenden Seeottern unter Wasser zu machen. Die Fotos in diesem Buch zeigen allerdings einen verwaisten Otter, den die Mitarbeiter des Monterey Bay Aquariums ausgewildert hatten. Selbst unter diesen kontrollierten Bedingungen bekommt man die flinken Tiere kaum vor ein Objektiv.

Seeotter schwimmen extrem schnell. Unter Wasser kann man ihnen kaum mit den Augen und noch viel weniger mit einer Kamera folgen. Außerdem absorbieren sie Licht, sie sind wie Schwarze Löcher im Meer. Auf den meisten meiner Aufnahmen von Ottern erkennt man aufgrund des Lichtmangels und der Geschwindigkeit der Tiere kaum Details.

Eine kleine Randbemerkung sei hier gestattet. Im Tierreich gibt es einige Arten wie Tiger, Nashorn oder Elefant, die jeder kennt. Zu dieser Gruppe gehören auch Arten, die besonders beliebt sind und denen man menschliche Eigenschaften zuschreibt, etwa Pandas, Delfine, Wale, Robben, Wölfe, Kaninchen oder Eulen. Seeotter sind beides: sehr bekannt und sehr beliebt. Mit ihren langen Schnurrhaaren und ihren liebenswerten Kapriolen könnte man sie glatt für Unterwasserteddys halten. Sie sind tatsächlich niedlich – niemand, auch ich nicht, könnte ihrem Charme widerstehen. Und natürlich verdienen sie, wie jede andere Art auf der Erde, unseren Schutz. Doch was ist mit all den anderen Arten, die Hilfe benötigen und nicht so drollig und süß aussehen? Wer sponsert Schutzprojekte für die vom Aussterben bedrohten Lodden in Neufundland oder für Insekten im tropischen Regenwald, die Holzkonzernen zum Opfer fallen? Aber das nur am Rande.

Natürlich wissen Seeotter nicht, dass sie niedlich aussehen und deshalb besonders stark von Schutzprogrammen profitieren. Sie kämpfen nur Tag für Tag ums Überleben und haben sich dabei ihrer Umwelt hervorragend angepasst. Die geschickten Schwimmer erbeuten unter Wasser Wirbellose wie Seesterne, Muscheln, Krebse, Tintenfische und Aba-

343 Riffbarsche schwimmen vor Point Sur durch den Kelpwald.

344–345 Seeotter brechen Muscheln mit Steinen auf.

lone. Diese Meeresschnecken saugen sich mit ihrem Fuß am Kelp fest, damit sie nicht wegdriften.

Seeotter sind vermutlich die einzigen Meeressäuger, die Werkzeuge einsetzen: Sie schlagen auf ihrem Bauch Muscheln mit Steinen auf, um an das weiche Fleisch zu gelangen. Doch damit nicht genug: Sie tragen sogar besonders geeignete Steine mit sich, wenn sie sich auf Nahrungssuche begeben. Auch beobachten sie ihre Umgebung außerordentlich aufmerksam. Das weiß ich sicher, denn wie oft habe ich versucht, mich ihnen unter Wasser zu nähern! Unzählige Male scheiterte ich. Ja, ich glaube schon fast, dass Seeotter einen gewissen Sinn für Humor besitzen. Jedenfalls sah es stets so aus, als würden sie mich mit ihrem drolligen Schnurrbartgrinsen immer auslachen, wenn ich ihnen wieder einmal unterlegen und sie mir wieder einmal davongekommen waren. Jetzt schreibe ich ihnen auch schon menschliche Eigenschaften zu – bei Seeottern kann man einfach nicht anders.

346 und 346–347 Seeotter könnte man fast für
die Teddybären der Unterwasserwelt halten.

Anmutige Schwimmer

Neugierig und elegant

348–349 Ein Kalifornischer Seelöwe verzehrt an der Wasseroberfläche seine Beute.

350 Riffbarsche zwischen riesigen Kelppflanzen.

351 Ein Taucher schwimmt über den Fotografen hinweg durch den Kelpwald, als wäre er in einer riesigen Unterwasserkathedrale.

352 und 352–353 Seeotter sind ausgezeichnete Schwimmer. Ihr äußerst dichtes Fell schützt sie vor dem kalten Wasser.

Seelöwen

Meister im Unterwasserballett

354 Kelp-
wälder

354 Viele Meeressäuger beäugen Taucher oft interessiert, doch Seelöwen gehören zu den neugierigsten unter ihnen.

355 Seelöwen mit Tauchern an der Wasseroberfläche vor Point Sur, Kalifornien.

BAIKALSEE

URZEITLICHES GEWÄSSER

BAIKALSEE

URZEITLICHES GEWÄSSER

Kaum hatten wir unser Boot festgemacht, ein langes, schmales, russisches Modell mit Stahlrumpf, als sie auch schon näher kamen. Es war der Sommer im Jahr 1990, gut 18 Monate vor dem Zerfall der Sowjetunion.

Erst hingen nur ein paar Fischer am Kai herum, doch dann wurden es rasch mehr – ein gutes Dutzend schließlich. Sie standen am Pier und schauten interessiert auf etwas, das ich mitgebracht hatte und das nun an Deck lag. Für mich war es ein ganz gewöhnliches Werkzeug, das ich seit Jahren benutzte und das mir die Arbeit auf dem Wasser enorm erleichterte. Die Fischer aber blickten darauf wie auf ein Ufo von einem fremden Stern. Natürlich wussten sie, um was es sich handelte, doch in dieser Form hatten sie es noch nie gesehen. Es war das neueste Modell eines 45-PS-Evinrude-Außenbordmotors, den wir an unserem Schlauchboot befestigt hatten. Das Boot allein erregte schon ihre Aufmerksamkeit, doch der Motor überstieg ihre kühnsten Vorstellungen.

In den 1950er Jahren hatten die Russen einen Johnson-Außenbordmotor nachgebaut und irgendwo in der Sowjetunion eine Produktionsanlage dafür errichtet. Noch im Jahr 1990 wurden Motoren dieses Typs hergestellt und waren überall auf dem Baikalsee in Betrieb. Das Design hatte sich nicht verändert. Die Verschalung der Motoren aus den 1950er Jahren war unverkennbar, und natürlich gab es weder eine elektronische Zündung noch einen elektrischen Anlasser, weder eine hydraulische Hubvorrichtung noch ein modernes Kühlsystem. In den USA halten wir moderne Außenbordmotoren für eine Selbstverständlichkeit. Die russischen Fischer aber hatten noch nie etwas Vergleichbares gesehen.

Völlig verblüfft starrten sie auf das Wunder der Technik. Sie ließen über meinen Dolmetscher anfragen, ob ich die Verschalung abnehmen und ihnen einen Blick ins Innenleben des Motors gewähren könne. Natürlich folgte ich ihrer Bitte. Einen Moment lang herrschte andächtiges Schweigen. Sie trauten ihren Augen nicht und wirkten, als würden sie im nächsten Augenblick in Tränen ausbrechen. Sie analysierten die Einzelteile des Motors mit Augen und Händen. Sie folgten den Kabeln und betasteten jedes zugängliche Teil. Vermutlich konnte jeder von ihnen den eigenen Motor blind auseinander nehmen, und zweifellos erfassten sie sofort die Vorteile der modernen Technologie. Sie hatten einfach

356 Zwei Vertreter einer endemischen Groppenart im Baikalsee.

359 Grüner Schwammteppich an einer seichten Stelle des Baikalsees.

nicht gedacht, dass ein solcher Motor existieren könnte. Ähnliche Szenen spielten sich übrigens fast jedes Mal ab, wenn wir am Baikalsee, dem größten Süßwassersee der Erde, einen entlegenen Hafen ansteuerten. Immer wieder beobachtete ich Fischer, die sich über die Reling ihrer kleinen Aluminiumboote beugten und versuchten, ihre Motoren wieder in Gang zu bekommen – jene Modelle, die auf einer 40 Jahre alten Technologie beruhten.

Als die Russen in den 1950er Jahren den Johnson-Motor nachbauten, ging ich gerade in die dritte Klasse. Regelmäßig übten wir das Verhalten im Fall eines russischen Atomangriffs und suchten dann Zuflucht unter unseren Tischen. Die Leute bauten Bunker, in denen sie sich im Ernstfall in Sicherheit bringen wollten. Der russische Generalsekretär Nikita Chruschtschow schlug mit seinem Schuh auf das Rednerpult der UN-Vollversammlung, um seinen Standpunkt zu unterstreichen. Bildreporter aus den USA konnten nicht in die Sowjetunion einreisen, und die wenigen, denen es gelang, erhielten genaue Anweisungen, was sie fotografieren durften.

Nun, 40 Jahre später, konnte ich als Fotograf ungehindert zum Baikalsee reisen, Russland und Sibirien durchqueren und mich mit Leuten unterhalten, die man mir früher als Inbegriff des Bösen geschildert hatte. Zwei Monate wollte ich mitten unter ihnen leben – einer der reizvollen Aspekte meiner Tätigkeit. Nun war ich also mitten in Sibirien angekommen und fuhr mit meinem wassertauglichen »Ufo« über den größten See der Erde. Ich tauchte in dem herrlich klaren Wasser und lernte neue Lebensräume kennen. Und ich begegnete in dieser fantastischen Zeit wunderbaren Menschen. Nur ganz selten spürte ich einmal Abneigung mir, dem Amerikaner, gegenüber, der sich am See mit seinen Kameras breit machte. Ansonsten durfte ich fotografieren, was und wen ich wollte.

Der Baikalsee in Sibirien ist mit stellenweise über 1700 Metern der tiefste See der Erde. Dank seiner Tiefe und der Fläche von 31 000 Quadratkilometern birgt er ein Fünftel des gesamten Süßwassers unseres Planeten und stellt damit das größte Süßwasserreservoir der Erde dar. Der Baikalsee ist vermutlich über 25 Millionen Jahre alt und damit wesentlich älter als die großen nordamerikanischen Seen, die vor rund 18 000 Jahren entstanden. Selbst die großen Seen im afrikanischen Rift Valley – Turkana-, Victoria-, Tanganjika- und Malawisee – sind höchstens einige Millionen Jahre alt.

Genau wie die asiatischen Völker, die an seinen Ufern leben, ist der Baikalsee ein Überlebenskünstler. Die meisten Seen füllen sich im Laufe von Jahrmillionen mit Sedimenten. Der Baikalsee liegt jedoch in einem neun Kilometer tiefen tektonischen Graben, an dem mehrere Platten aneinander grenzen und die Erdkruste daher stetig in Bewegung ist. Zwischen den beiden parallel verlaufenden Verwerfungen entstand eine Absenkung, ein Tal, das sich mit Wasser füllte. Wissenschaftler glauben, dass der See weiter wächst, weil die unter Wasser liegende Erdkruste sich pro Jahr um einige Zentimeter ausdehnt.

Im See leben rund 3000 Arten; die Hälfte von ihnen sind Tiere, und wiederum über 700 von ihnen endemisch. Einige Forscher nehmen an, dass der

361 links Ein einsamer Kajakfahrer paddelt an unserem Boot vorbei. Der sibirische Sommer bringt Sonne und Wärme in die ansonsten kalte Gegend.

361 rechts Der Baikalsee ist der tiefste See der Welt und birgt ein Fünftel des Süßwassers der Erde.

Baikalsee früher einmal mit einem anderen See verbunden war. Andere halten dies für ausgeschlossen. Im Zentrum der Debatten steht eine Tierart, die Baikal-Ringelrobbe, die nur hier vorkommt. Sie ist mit einer anderen isoliert lebenden Art verwandt, der Kaspi-Ringelrobbe, die man 4000 Kilometer weiter westlich im Kaspischen Meer findet. Nicht ganz so weit ist es bis zu einem weiteren Verwandten, der Eismeer-Ringelrobbe, die 3200 Kilometer entfernt auf der anderen Seite Sibiriens lebt. Woher stammt die Baikal-Ringelrobbe und wie ist sie in den See gelangt? Niemand kann diese Frage beantworten.

Baikal-Ringelrobben leben überall am See, versammeln sich im Sommer aber auf den zentral gelegenen, sonnigen Ufern der Ushkani-Inseln. Sie sind scheu und reagieren auf jede ungewohnte Aktivität. Bevor man sie unter Schutz stellte, wurden sie stark bejagt und waren vom Aussterben bedroht. Heute liegt ihre Zahl nach offiziellen russischen Schätzungen bei ungefähr 60 000 Tieren. Im sibirischen Frühling gibt es noch immer eine kurze Jagdsaison, in der rund 6000 Tiere mit Gewehren und Netzen erbeutet werden. Pelze, Fleisch und Fett, der so genannte Blubber, lassen sich kommerziell verwerten.

Baikal-Ringelrobben unterscheiden sich meiner Meinung nach kaum von anderen Robbenarten. Ihr nasses Fell ist dunkelgrau, und von der Ferne gleichen ihre kurzen, rundlichen Körper kleinen grauen, glänzenden Felsbrocken. Die Robben ernähren sich vorwiegend von Fisch.

364 und 365 Das klare Wasser und die überraschend vielfältige Flora und Fauna machen Tauchgänge im Baikalsee zu einem echten Abenteuer.

366–367 Der Fischkundler Peter Reinthal sammelt endemische Fischarten auf dem mit Schwämmen bedeckten Grund des Baikalsees.

368–369 Ungewöhnlich große Amphipoden klettern an senkrecht wachsenden Schwämmen empor. Ihre grüne Farbe verdanken die Schwämme der mikroskopisch kleinen Alge Zoochlorella.

Vielfältige Flora und Fauna

Ein abgelegener See enthüllt seine Geheimnisse

370 Eine Groppe schwimmt über den grünen Schwammteppich im Baikalsee hinweg.

371 Groppen leben in vielen Gewässern der Erde, doch im Baikalsee gibt es zahlreiche endemische Arten.

372 Baikalsee

372 Das Weibchen einer nur im Baikalsee heimischen Groppenart bewacht seine Eier auf dem grünen Schwammteppich am Grund des Sees.

373 Groppen graben kleine Höhlen in die Schwämme, um dort ihre Eier hineinzulegen

374–375 Ein Flohkrebs im Baikalsee.

375 Im Baikalsee lebt ein Drittel aller bekannten Gammaridenarten der Erde.

LACHSE

RÜCKKEHR IN DIE HEIMAT

LACHSE

RÜCKKEHR IN DIE HEIMAT

In meiner Heimat gilt der Atlantische Lachs als König der Süsswasserfische. Wie sein Verwandter aus dem Pazifik laicht auch er im Süsswasser, verbringt jedoch den grössten Teil seines Lebens im Meer.

Dass Lachse sich immer seltener zur Eiablage in den Flüssen einfinden, in denen sie früher massenhaft laichten, liegt am schlechten Zustand vieler Flusssysteme. Ebenso blockieren immer mehr Barrieren wie Industrieanlagen oder Staudämme den Weg der Fische. Viele Angler zu beiden Seiten des Atlantiks träumen davon, einmal einen Lachs zu fangen. Allein der Anblick der silbrig glitzernden Tiere ist faszinierend, besonders, wenn sie stromaufwärts schwimmen, um an den Ort zurückzukehren, an dem sie selbst einst aus dem Ei geschlüpft sind. Ich könnte den ganzen Tag am Flussufer sitzen und diesem Schauspiel zusehen. Einmal fuhr ich während der Laichzeit im Sommer zum Humber River, einem großen Lachsfluss in Neufundland. In der ersten Stunde meines Aufenthalts schwammen mehr Fische die großen Stromschnellen des Flusses hinauf, als während der gesamten Saison in ganz New England gezählt werden. Doch selbst in Neufundland und an anderen Abschnitten der nordatlantischen Küste nimmt die Zahl der Lachse ab, ohne dass wir die genauen Gründe dafür kennen.

Wieder einmal muss ich an den braunen, tanninhaltigen Fluss im Süden New Jerseys denken, in dem ich meine erste Begegnung mit der Wasserwelt hatte. Damals wusste ich noch nicht, wie viele dunkle Gewässer ich im Laufe meines Lebens auf der Suche nach unbekannten, wenig beachteten und nie zuvor fotografierten Tieren erkunden würde. In vielerlei Hinsicht erzählt das vorliegende Buch die Geschichte meiner Reise vom Rancocas Creek meiner Kindertage zu einem Fluss in Neufundland, an dem ich jene Lachsstelle entdeckte, von der ich mein ganzes Leben lang geträumt hatte.

Als ich eines Morgens mit meiner Assistentin Heather Perry einen steinigen Pfad im Westen Neufundlands hinunterrutschte, wusste ich, dass ich mein Ziel erreicht hatte. Wochenlang hatten wir nach einer Stelle gesucht, an der die Lachse nicht nur laichten, sondern auch die richtige Größe hatten. Hier waren wir am richtigen Ort. Wir entdeck-

376 Atlantische Lachse *(Salmo salar)* auf dem Weg in ihr Laichgewässer. Hier halten die Tiere der Strömung unterhalb eines Wasserfalls am Humber River in Neufundland stand.

379 Ein Atlantischer Lachs überwindet im Sprung einen Wasserfall des Humber River, um seinen Laichplatz zu erreichen.

382 Die so genannte Red Tide, ausgelöst durch eine übermäßige Vermehrung giftiger Algen, färbt das Wasser bei Ketchikan, Südostalaska, rotbraun.

382–383 Im Revillagigado Channel und im Gebiet von Ketchikan laichen viele Lachse.

384–385 Sonnenaufgang hinter einer Nebelbank bei Ketchikan, Südostalaska.

385 Kanadagänse fliegen durch den Frühnebel bei Ketchikan, Südostalaska.

386–387 Ein Ketalachs schwimmt stromaufwärts in einem Fluss in British Columbia.

387 Pazifische Lachse sterben nach dem Laichen, während Atlantische Lachse ins Meer zurückkehren und später erneut laichen können.

388–389 Der Instinkt treibt einen Blaurückenlachs *(Oncorhynchus nerka)* stromaufwärts bis zu dem Ort, an dem er aus dem Ei schlüpfte.

Tanz um Leben und Tod

Pazifische Lachse laichen und sterben

390–391 Weiblicher Blaurückenlachs während der Paarungszeit.

391 In einem Fluss in British Columbia umwirbt ein männlicher Blaurückenlachs ein Weibchen.

392–393 Bei Ketchikan, Südostalaska, schwimmen Ketalachse *(Oncorhynchus keta)* einen Fluss hinauf. Die Bäume am Ufer spiegeln sich im Wasser.

394–395 Buckellachse *(Oncorhynchus gorbuscha)* auf dem Weg zu ihrem Herkunftsort im Südosten Alaskas.

ÜBER DEN AUTOR

BILL CURTSINGER wurde in Philadelphia, Pennsylvania, geboren und wuchs im Süden von New Jersey auf. Seit 1971 lebt er in Maine. Er besuchte die Northern Arizona University in Flagstaff und die Arizona State University in Tempe. Während des Vietnamkriegs war er Mitglied der Atlantic Fleet Combat Camera Group, einer Eliteeinheit von Navy-Fotografen, die ihre Basis in der Naval Air Station in Norfolk, Virginia, hatte. Er wurde in der U.S. Navy Dive School in Key West, Florida, zum Taucher und in der Navy Parachute School in Lakehurst, New Jersey, zum Fallschirmspringer ausgebildet.

Curtsinger spezialisierte sich auf Unterwassermotive und veröffentlichte im *National Geographic Magazine* 33 Reportagen, darunter sechs Titelgeschichten. Im Juni 2003 war seine jüngste Story über Schweinswale zu lesen. Aufnahmen und Artikel von Curtsinger erschienen auch in anderen Zeitschriften wie *Airone, Audubon, Aqua, BBC Wildlife, Bonniers, Geo, Georama Experiment, Islands, Life, London Sunday Express, Natural History, New Look, Newsweek, Mare, Outside, Paris Match, Sinra, Shukan Asahi, Smithsonian, Stern, Terre Sauvage, Time, Unterwasser* und weiteren Magazinen in aller Welt. Curtsinger illustrierte außerdem sechs Bücher mit Fotografien, drehte Kurzvideos und Clips und legte ein Archiv für Video- und Filmmaterial an. Er ist Mitbegründer der Gruppe »10x10« mit Sitz in Maine und gehört dem in Portland ansässigen Grafikerverband »Peregrine Press« an. In jüngster Zeit hat er eine Diashow entwickelt, die er unter dem Titel »Elusivity – Three Decades of Nature Photography« präsentiert.

Im Sommer schwimmt Bill Curtsinger gerne ein paar Runden in der Casco Bay und kümmert sich um seine Heidelbeersträucher.

WWW.BILLCURTSINGERPHOTO.COM

BILDNACHWEIS

Alle Fotos stammen von Bill Curtsinger mit Ausnahme der folgenden:
Seite 28, obere Reihe links: Bora Merdsoy; Seite 28, obere Reihe rechts: Chuck Davis; Seite 28, untere Reihe rechts: Eric Hiner; Seite 28, untere Reihe Mitte: Chuck Nicklin; Seite 29, obere Reihe links: Ann Hawthorne; Seite 29, obere Reihe Mitte: Eric Hiner; Seite 29, obere Reihe rechts: Heather Perry; Seite 29, untere Reihe links: Bora Merdsoy; Seite 29, untere Reihe Mitte: Joe Stancampiano; Seite 29, untere Reihe rechts: Bob Dale; Seite 41 rechts: Ann Hawthorne; Seiten 5, 13, 102, 130–131, 146–147: Bill Curtsinger® National Geographic.

DANKSAGUNG

Dieser Band wäre nicht entstanden ohne das Verständnis und die Unterstützung vieler Menschen. Ich möchte den Herausgebern und den Redakteuren danken, mit denen ich im Laufe vieler Jahre beim *National Geographic Magazine* zu tun hatte, insbesondere Chefredakteur Chris Johns, der die Einleitung geschrieben hat, sowie den früheren Herausgebern Bill Garrett und Bob Poole. Mein Dank gilt den großartigen Bildressortleitern Bob Gilka, Rich Clarkson, Tom Kennedy und Susan Smith, mit denen ich das Glück hatte, zusammenzuarbeiten, sowie den Kameratechnikern Joe Stancampiano und Larry Maurer, zwei echten Könnern auf ihrem Gebiet. Ich danke meiner Agentin, Maura Mulvihill, Direktorin der NGS Image Collection, für ihre Leitung bei der IC und ihren Mitarbeitern, vor allem Stacy Gold, die mir geholfen hat, die Originalaufnahmen für dieses Buch zusammenzutragen. Besonderer Dank gilt meiner Bildredakteurin Kathy Moran, einer Naturkundlerin ersten Ranges, die aus der großen Menge von Aufnahmen mit sicherer Hand die besten aussuchte.

Dank schulde ich meinen Freunden und Assistenten über viele Jahre: Bora Merdsoy, Ken Brower, Alan Lishness, Nan Hauser, Chuck Davis, Terrie Klinger, Allan Macintyre, Sue Barnes, Eric Hiner und meiner Feld- und Büroassistentin Heather Perry. Sie haben mich begleitet und die schönsten und schwierigsten Augenblicke mit mir geteilt. Heather und meiner lieben Freundin Eileen Monahan verdanke ich, dass das Leben in den letzten Jahren nicht völlig über mir zusammengebrochen ist. Ihnen gilt mein allerherzlichster Dank und meine innigste Verbundenheit.

Im Sommer 2004 saß ich in Vercelli erstmals mit der Mitbegründerin und Chefredakteurin von White Star, Valeria Manferto De Fabianis, zusammen. Schon damals fiel mir auf, dass sie treffsicher genau die Aufnahmen näher in Augenschein nahm, die mir besonders bedeutungsvoll vorkamen oder wichtig waren. Unter ihnen waren viele Bilder, die ich noch nie zuvor veröffentlicht hatte und viele, die andere Menschen vielleicht für zu »extrem« gehalten hätten. Ich fühlte, dass wir denselben Blick auf die Dinge hatten, und wusste, dass mein Projekt bei ihr in guten Händen war. Ihr ausgeprägtes Gespür für die Sprache der Bilder und ihr Arrangement haben dazu beigetragen, dass ich auf dieses Buch wirklich stolz bin. Zu danken habe ich aber auch Marcello Bertinetti von White Star, der mich im Sommer 2004 aufsuchte, meine Arbeit sehr gut kannte und die Idee hatte, diese Bilder zu veröffentlichen. Marcello, nun haben wir es geschafft, und ich danke dir dafür, dass du mein Werk auf diese Weise gewürdigt hast. Dank geht auch an Maria Valeria Urbani Grecchi, meine stets freundliche Ansprechpartnerin bei White Star, die das Projekt gemeinsam mit Heather Perry am Laufen hielt und voranbrachte.

Schließlich danke ich auch meinem Freund und Kollegen Jeff Rotman, der die Saat bereitet hat.

Mein erstes Buch, *Wake of the Whale*, wurde 1979 von dem bekannten Herausgeber und Naturschützer David Browner veröffentlicht. Ich widmete es damals meiner Frau mit den Worten: »Für Kate, die ihrem leicht flüchtigen Freund ihr Herz öffnete, und der ich alles verdanke. Dieses Buch ist für sie.« Und auch dieses Buch hier ist für sie. Sie hat meine Suche und meine Träume in jeder nur denkbaren Weise unterstützt. Ihre Kunst, ihre Liebe und ihr Lachen sind mit diesem Band für jedermann erkennbar verwoben. In erster Linie aber widme ich dieses Buch meinen beiden Söhnen Justin und Owen. Ohne es zu ahnen, haben sie mir im Laufe der Jahre viele wunderbare Geschenke gemacht – Geschenke, die sich nicht in Worte fassen lassen. Ich erkenne in ihnen ihre wunderschöne Mutter, deren unbeschreibliches Lächeln. Dass sie mich jeden Tag an sie erinnern, ist schon allein ein wertvolles Geschenk. Wie ihre Eltern sind beide aufmerksame Beobachter und kreative Reisende. Ich glaube, dass sie mit ihrem einfühlsamen Wesen und ihrem Kunstverstand Großes hervorbringen werden. Ich wünsche ihnen, dass ihre Reisen so aufregend und erfüllt sein werden, wie meine es waren. Deshalb widme ich euch, Justin und Owen, dieses Buch.

408 Schlankdelfine umringen mich neugierig im tiefen, blauen Wasser vor Hawaii. Augenblicke wie dieser, wenn frei lebende und intelligente Meeressäuger beschließen, einen Fremdling in Augenschein zu nehmen, versetzen mich immer wieder in Erstaunen und werfen die Frage auf, ob wir Menschen zu Recht glauben, die Krone der Schöpfung zu sein.